Inhalt

Jetzige und einstige Landschaften

Die heutigen Landschaften werden entscheidend durch den jeweiligen Gesteinsuntergrund geprägt. So schlägt sich beispielsweise die Härte der Gesteine auch in der Geländemorphologie nieder. Hinzu kommt die große Vielfalt an Gesteinstypen, die bei näherer Betrachtung die gesteinsbildenden Minerale und mit etwas Glück auch Fossilien zeigen. Diese Beobachtungen vervollständigen das Gesamtbild der frühen Naturräume und ermöglichen Einblicke in Jahrmillionen zurückliegende Lebensräume.

Das Thüringer Becken liegt im Herzen Deutschlands und ist mit einer Fläche von etwa 12.000 km² ringförmig von Höhenzügen umgeben. In diesem Sonderheft wird der erdgeschichtliche Aufbau und zahlreiche Fossilien in neun Regionen beschrieben(1). Sie sind vom Orlagrund und Saaletal über Jena–Naumburg, entlang des Untruttals bis zum Kyffhäuser zu finden. Von hier geht es wieder südwärts Richtung Erfurt – Tambach und zum Abschluss werden isolierte Travertinlager zwischen Mühlhausen, Weimar und Jena behandelt.

E D I T O R I A L

Liebe Leserinnen und Leser,

Das Thüringer Becken liegt im Herzen Deutschlands mit der Thüringer Landeshauptstadt Erfurt nahezu im Zentrum. Mit einer Fläche von etwa 12.000 km^2 ist es ringförmig von Höhenzügen umgeben. Während am Rande spätpaläozoische Gesteine zu Tage treten, werden zum Beckenzentrum zunehmend jüngere Gesteine angetroffen. Die Entstehung des Thüringer Beckens reicht bis in die frühe Permzeit (vor 300 Millionen Jahren) zurück. Ab der Triaszeit (vor 250 Millionen Jahren) entwickelte sich eine Muldenstruktur. Während der späten Kreidezeit (vor ca. 80 Millionen Jahren) wurden vier große Schollen herausgehoben, im Süden der Thüringer Wald und das Thüringer Schiefergebirge, im Norden der Harz und der Kyffhäuser, und bildeten nun die Umrahmung des weiter einsinkenden Beckens. Gleichzeitig wurden dadurch auch die Verbindungen der älteren Perm- und Triasgesteine im Thüringer Becken nach Süden und Norden abgetrennt.

Auf unseren Wegen durch das Thüringer Becken erkunden wir von „unten nach oben“ bzw. von „alt nach jung“ den erdgeschichtlichen Aufbau. Das Saaletal durchschneidet von Süden die alten Gesteine des Schiefergebirges und gewährt dabei hervorragende Einblicke in das alte Gebirge. Am besten ist dies am Bohlen bei Saalfeld zu sehen, wo verfaltetes Devon und Karbon mit scharfer Grenze von der Variszischen Diskordanz gekappt wird. Diese Diskordanzfläche stellt zugleich die Basis des Thüringer Beckens dar. Am Südrand werden das jüngere Rotliegend bei Tambach (mit permischen Landwirbeltieren) und die Zechsteinablagerungen der Orla-Senke (mit einzigartigen Riffen) genauer beleuchtet. Wir folgen dem Lauf der Saale nach Norden und treffen dabei auf immer jüngere Formationen aus der Buntsandstein-Gruppe. Zwischen Jena und Naumburg wird der Untere Muschelkalk an steil aufragenden Uferwänden angeschnitten und ermöglicht Einblicke in den Aufbau der Gesteinsabfolgen. Auf der weiteren Reise geht es entlang des Unstruttals nach Westen. Dabei werden wieder ältere Einheiten des Buntsandsteins und des Zechsteins angetroffen, die nördlich von Hoher Schrecke und Finne anstehen. Den Nordrand des Thüringer Beckens erreichen wir mit den Rotliegend- und Zechsteinvorkommen am südlichen Kyffhäuser. Von hier geht es südwärts in Richtung Erfurt, begleitet vom Mittleren Muschelkalk bis zum Oberen Keuper, mit lokalen Vorkommen von Unterjura und Oberkreide. Den Abschluss bilden pleistozäne und holozäne Travertine, die in isolierten Lagern als Reste ehemaliger Seen oder Flussterrassen zwischen Mühlhausen, Weimar und Jena angetroffen werden.

Im Thüringer Becken liegen Natur und Kultur eng beisammen. In teilweise urwüchsigen Landschaften gibt es prächtige Schlösser und Kirchen zu entdecken und mancherorts fühlt man sich in die Zeit von Bach, Goethe und Schiller versetzt, die sich lebenslang vom Charme dieser Gegenden angezogen fühlten. Heute staunen die Besucher über die vielfältigen Gesteine, aus denen die Kulturdenkmäler gebaut sind und mitunter wird auch über deren Herkunft spekuliert. Daneben gibt es weitere Gründe, sich mit den Gesteinen, Fossilien und Naturräumen Thüringens näher zu beschäftigen – dieses Sonderheft soll dazu beitragen, Interesse und Neugier am Beobachten der Landschaften und ihrer Entstehungsgeschichte zu wecken und die Freude beim Suchen und Finden der nicht so seltenen Fossilien zu vertiefen.

Ausgewählte Geo-Highlights sollen zum besseren Verständnis des geologischen Aufbaus der Region beitragen und die Zusammenhänge zwischen dem verborgenen Untergrund und den Gesteinen an der Oberfläche zu entschlüsseln. Zudem werden viele geologische und paläontologische Kostbarkeiten Thüringens vorgestellt, die sogar in den Bausteinen von Burgen, Schlössern und Kirchen wiedererkannt werden können. In diesem Kontext dürfen auch Bezüge zu historisch bedeutenden Lagerstätten Thüringens nicht fehlen.

Wir wünschen Ihnen viel Spaß bei der Lektüre!

Jens Lehmann
(Herausgeber FOSSILIEN)

Günter Schweigert
(Herausgeber FOSSILIEN)

Der Autor

Prof. Dr. H.-Jochen Kuss wuchs in Oberfranken auf und lebt seit über 30 Jahren in Bremen. Nach Geologie-Studium und Promotion in Erlangen wechselte er 1983 an die TU Berlin, wo er an zahlreichen Expeditionen in die Wüsten Ägyptens und Jordaniens teilnahm. Nach der Habilitation 1989 und einem 2-jährigen Forschungsaufenthalt an der Universität Hamburg leitete er an der Universität Bremen das Fachgebiet Geochronologie und Beckenanalyse. Neben Geländeforschung in Nordafrika und Arabien führte er seit Ende der 1990-er Jahre Bremer Studentinnen und Studenten auf Exkursionen und Kartierkursen nach Mitteldeutschland. Dabei entstanden zahlreiche geologische Fragestellungen, die in Abschlussarbeiten vertieft wurden.

Seit der Pensionierung vermittelt er geowissenschaftliche Zusammenhänge in Vorträgen und Artikeln. Die Entwicklung der Geobiosphäre, der Landschaften und ihre Besiedlung stehen dabei im Fokus. Daneben wird auch immer die geschichtliche Entwicklung von Kulturlandschaften und Bauwerken besonders gewürdigt.

1: Reliefkarte des Thüringer Beckens und seiner Umrahmung. Im DEM-Bild (Digital Elevation Model) wird die Topographie kontrastreich hervorgehoben und der ovale Umriss des Thüringer Beckens nachgezeichnet. (Karte nach https://maps-for-free.com). Mit 1 – 9 sind die Regionen markiert, die in den nachfolgenden Kapiteln genauer beschrieben werden; sie dokumentieren den geologischen Aufbau: 1 – Kyffhäuser: das jüngste Oberkarbon am Nordrand des Thüringer Beckens. 2 – Tambach: Frühe Landwirbeltiere im Unteren Rotliegend am Südrand des Thüringer Beckens. 3 – Die Orla-Senke: Riffe am Rande des Zechsteinmeeres. 4 – Das südliche Saaletal: Eine Reise durch die Wüsten im Buntsandstein. 5 – Zwischen Jena und Naumburg: Der Untere Muschelkalk und seine Lebewelt. 6 – Entlang der Unstrut: Vom Buntsandstein und Muschelkalk zu den Zechstein-Salinaren. 7 – Die Keuperlandschaften zwischen Erfurt und Gotha: Burgen, Saurier und Sandsteine. 8 – Reste von Unterjura und Oberkreide: Vom Seeberg bei Gotha zum Ohmgebirge bei Worbis. 9 – Pleistozäne Travertine und Schotter: Vom Ilmtal um Weimar nach Burgtonna und Bilzingsleben bis nach Bad Langensalza.

Die Entwicklung des Thüringer Beckens verlief vom Oberkarbon bis zum Holozän, über einen Zeitraum von ca. 300 Millionen Jahren. Die große Flächenausdehnung erforderte eine Auswahl repräsentativer Regionen, die mit ihren Besonderheiten den Aufbau und die Entwicklung des Thüringer Beckens veranschaulichen. Fossilien stellen dabei einen wesentlichen Beitrag zum Verständnis der verschiedenen geologischen Zeitabschnitte dar. Man findet Tier- und Pflanzenwelten, die in Meeren, Seen, Flüssen, Wäldern oder Wüsten lebten, mitunter sogar in der Nähe von Vulkanen.

Die lokalen Besonderheiten und Lebewelten werden in stratigraphischer Reihenfolge behandelt – von „alt“ nach „jung“. Da sich die tektonischen Prozesse während der letzten 300 Millionen Jahre veränderten, wurde der Krustenaufbau Mitteldeutschlands in vier tektono-stratigraphische Stockwerke untergliedert[3] – Details dazu finden sich im nachfolgenden Kapitel. Das Grundgebirgsstockwerk wird hier nicht näher behandelt, da die diese Gesteine nur von den äußeren Rändern des Thüringer Beckens bzw. von Bohrungen bekannt sind. Für die neun Regionen (1) ergibt sich folgende Zuordnung: Gesteine und Fossilien des Übergangsstockwerks sind am Kyffhäuser, 1 und bei Tambach, 2 zu finden. Das Tafelgebirgsstockwerk und seine Lebewelt werden in den Regionen 3 – Orla-Senke, 4 – Südliches Saaletal, 5 – Zwischen Jena und Naumburg, 6 – Entlang der Unstrut, 7 – Keuperlandschaften zwischen Erfurt und Gotha und 8 – Unterjura und Oberkreide behandelt. Die Gesteine des Deckgebirgsstockwerks werden in den Regionen 9 – Pleistozäne Travertine und Schotter erörtert.

Stratigraphie und Tektonik im Thüringer Becken und Umgebung

Die ackerbaulich genutzten Tieflagen des Thüringer Beckens stehen im Kontrast zu den oft bewaldeten Hochlagen, die das Becken ringförmig umschließen. In den Hochlagen sind die meist harten Gesteine des Unteren Muschelkalks anzutreffen, während im Becken selbst Oberer Muschelkalk bzw. Keuper vorkommen. Die Geschichte des Thüringer Beckens lässt sich aber noch weiter, bis zum Ende der variszischen Gebirgsbildung im späten Karbon zurückverfolgen. Zu jener Zeit sanken grabenartige Strukturen ein, die mit oft rötlich gefärbten sandig-tonigen und kiesigen Sedimenten verfüllt wurden. Einige dieser NO-SW verlaufenden Gräben sind heute, bedingt

2: Von der Burg Lohra blickt man auf das nordwestliche Thüringer Becken und seine Umrahmung (Eichsfeld, Harz). Zwischen Bischofferode (Bi) und Bleicherode (B) zeugt die rote Abbauhalde vom ehemaligen Kalibergbau in der Region.

durch spätere Heraushebung, über Tage anzutreffen, wie z.B. im Tambach-Garben oder am Kyffhäuser (1). Andere wurden im Untergrund des Thüringer Beckens erbohrt (Saale-Senke). Im Mesozoikum entwickelte sich dann die Thüringer Senke bzw. Mulde, in der mächtige Triassedimente abgelagert wurden. Sporadische Vorkommen von Unterjura und Oberkreide lassen auch für jüngere Zeitabschnitte eine mächtige Sedimentbedeckung annehmen. Da diese später wieder abgetragen wurde, lässt sich über ihre ursprüngliche Verbreitung nur spekulieren.

Das Thüringer Becken wird durch vier WNW-verlaufende Störungszonen zerschnitten (1, 4). Sie verlaufen parallel zu den Randstörungen von Thüringer Wald, Harz und Kyffhäuser. Die scharfen Abrisse an deren Rändern trugen zur heutigen ovalen Umrissform des Thüringer Beckens bei. Intern prägen weitere kleinere Störungen, die mitunter auch morphologisch hervortreten, das Landschaftsbild (1, 4, 5).

Das DEM-Bild (Digital Elevation Model, mit Radarscannern digital abgetastete Erdoberfläche) (1) zeigt die Höhen- und Tiefenlagen des Thüringer Beckens mit scharfen Kontrasten (tief: grün; hoch: hell). Zum einen treten die Nordränder der Grundgebirgsaufbrüche von Thüringer Wald und Kyffhäuser als hervorstechende Linien hervor; des Weiteren die vier WNW- verlaufenden Störungszonen (SZ), die nahezu das gesamte Thüringer Becken durchziehen: die Eichenberg-Gotha-Saalfelder SZ, die Schlotheim-Leuchtenburg-SZ, die Finne-SZ und die Kyffhäuser-Crimmitschauer SZ, die sowohl auf der geologischen Karte (4), als auch auf dem Querprofil (5) gut erkennbar sind. Dabei handelt es sich um Auf- und Überschiebungen, die oft als Ausweitungsstrukturen begannen und später durch Pressung überformt wurden[4].

Obwohl die auffallend parallel verlaufenden tektonischen Störungszonen und die dazwischen liegenden „Schollen“ im Thüringer Becken schon länger bekannt waren, fehlten bis in die 1970er Jahre schlüssige Konzepte zur Erklärung dieser Muster. Damals fand in der Nord- und Ostsee eine verstärkte Exploration nach Erdöl und Erdgas statt, wobei viele neue Untergrundstrukturen entdeckt wurden. Die Alter einiger tektonischer Störungen im tiefen Untergrund der Nordsee konnten mit Bildungsphasen des Alpengebirges in Verbindung gebracht werden. Das bedeutet, dass sich der gewaltige Kompressionsdruck über die gesamte Europäische Platte bis in die Nordsee fortsetzte[6]. Mit der Fernwirkung plattentektonischer Spannungen konnte auch die „Zerstückelung“ des Thüringer

3: Vom Kleinen Seeberg bei Gotha blickt man über die südlichen Ausläufer des Thüringer Beckens auf den Großen Inselsberg, mit 916,5 m ü. NN der vierthöchste Berg des Thüringer Walds. Die welligen Landschaften im Vordergrund liegen auf Keuper.

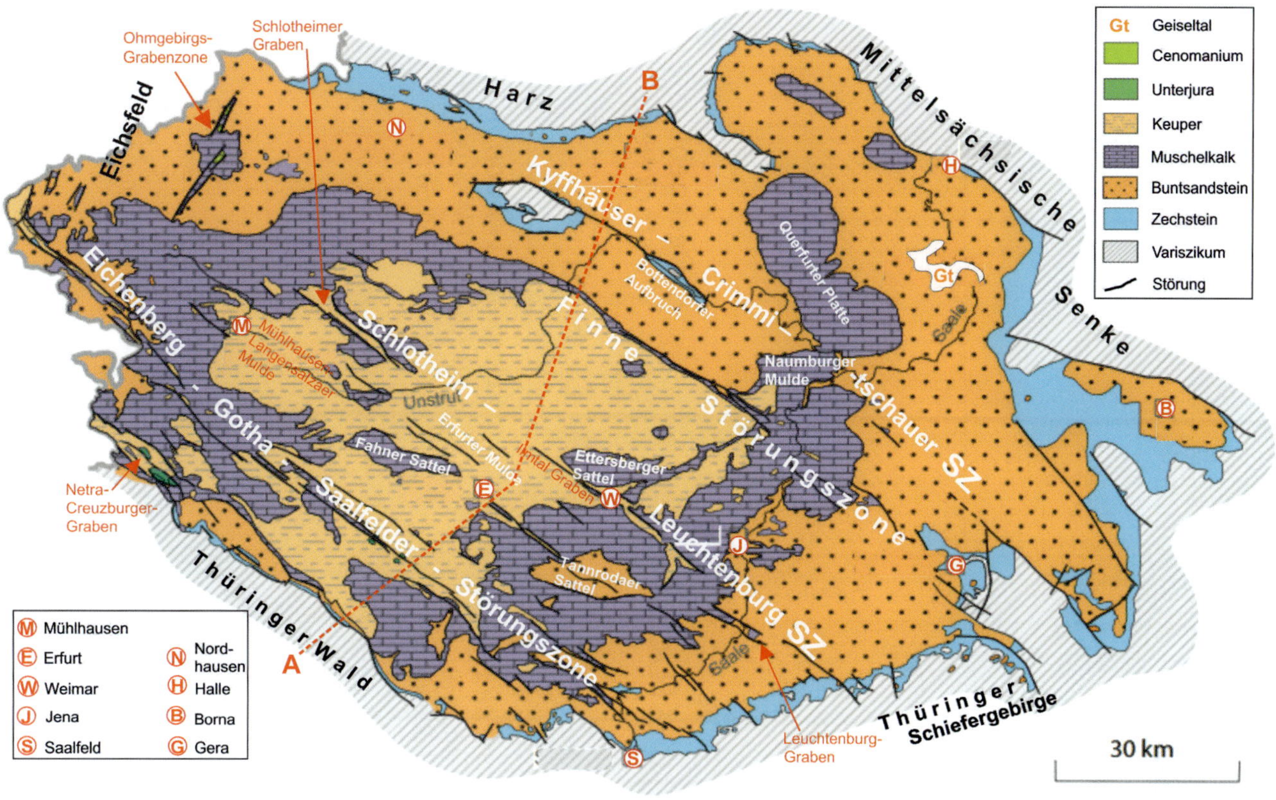

4: Geologische Übersichtskarte des Thüringer Beckens[2]. Die Legende zum Alter der Gesteine ist der Schlüssel zum Verständnis der Geologischen Karte – eine detaillierte stratigraphische Tabelle ist in Abb. 6 zu finden. Das Becken wird von vier NW-SO verlaufenden Störungszonen durchschnitten. Die Linie A–B markiert den Verlauf des Profilschnitts in Abb. 5.

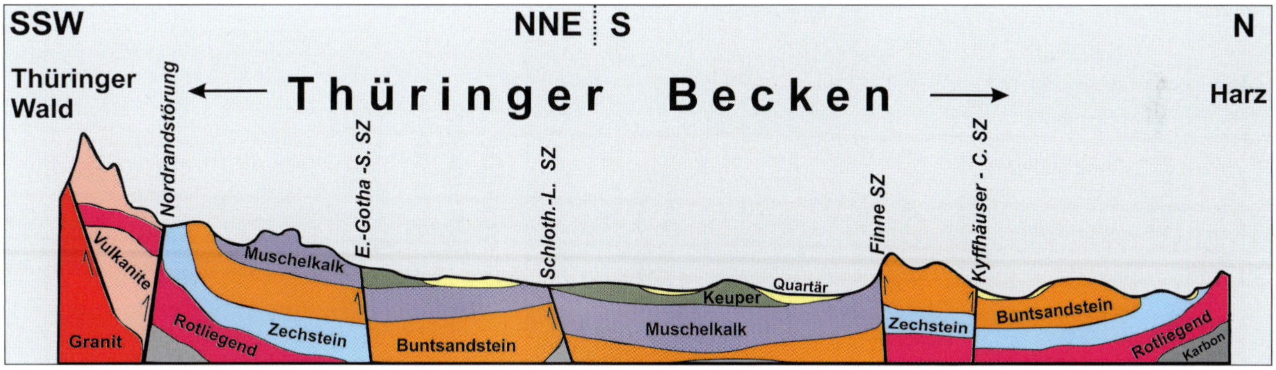

5: Querprofil durch das Thüringer Becken (Verlauf der Profillinie A–B in Abb. 4). Zwischen den Störungszonen liegen „Schollen", die durch tektonische Spannungen verkippt wurden (umgezeichnet nach verschiedenen Vorlagen).

Beckens und die Heraushebung von Thüringer Wald, Kyffhäuser und Harz erklärt werden. Wenig später wurde die Diskussion durch zeitgleich stattfindende zusätzliche plattentektonische Prozesse angeheizt. Man erkannte, dass sich die bei der Öffnung des Nordatlantiks entstandenen Transform-Störungen weit in die Europäische Platte hinein nach Osten fortsetzen. Sie dürften zu einer „schrägen Kompression" beigetragen haben, die die Heraushebung des Kyffhäusers und des Harzes begünstigte[5].

Die heutigen Landschaften um das Thüringer Becken stellen das Ergebnis von tektonischer Heraushebung und nachfolgender Abtragung dar, die während der

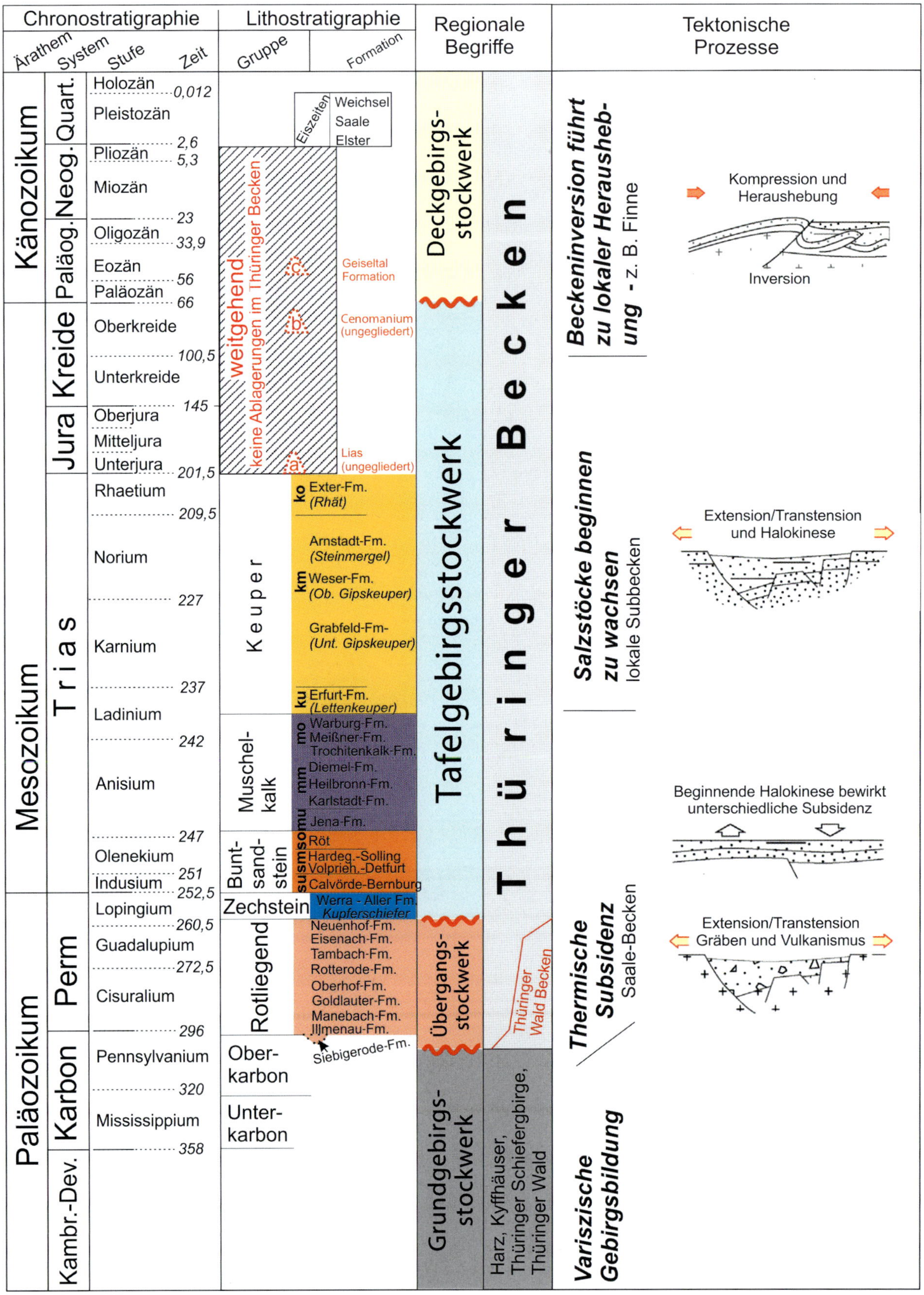

6: Gesteinsformationen des Thüringer Beckens (Lithostratigraphie) und deren Alterseinstufung (Chronostratigraphie). Drei große Diskordanzen (rote Wellenlinien) definieren vier Stockwerke und die jeweiligen Zeitabschnitte. Jura bis Neogen ist schraffiert dargestellt, da dieser Zeitabschnitt im Thüringer Becken nur durch relikthafte Gesteinsabfolgen nachgewiesen ist (mit a, b und c markiert). Die in der rechten Spalte aufgeführten tektonischen Prozesse gelten für das gesamte Norddeutsche Becken (zusammengestellt nach verschiedenen Quellen).

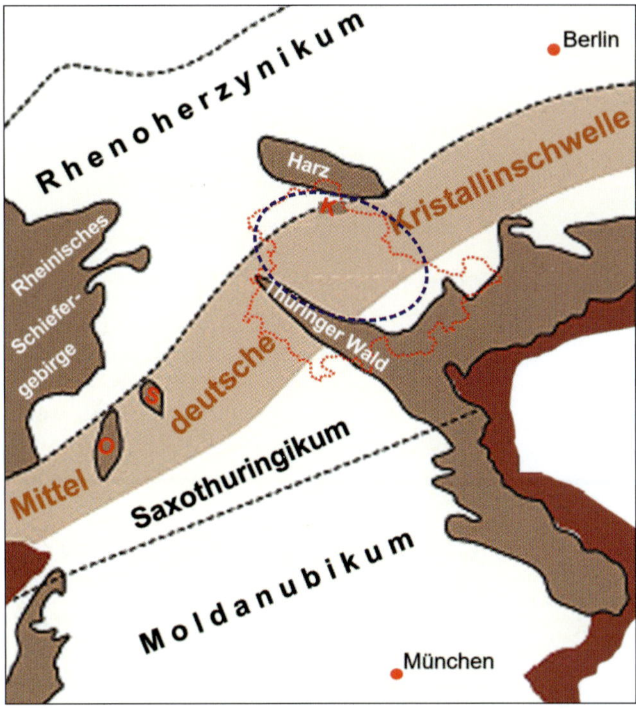

7: Der variszische Untergrund des Thüringer Beckens wird hauptsächlich von der Mitteldeutschen Kristallinschwelle gebildet, die am Kyffhäuser (K), im Spessart (S), im Odenwald (O) und am nordwestlichen Thüringer Wald zu Tage tritt. Die rote Linie markiert die Landesgrenzen Thüringens, die blaue Linie das Thüringer Becken.

letzten 60 Millionen Jahre in Mitteleuropa stattfanden. Die komplexe Entwicklungsgeschichte der zentralen Regionen Deutschlands wurde jüngst zusammenfasst[1]: In der späten Kreidezeit (vor mehr als 66 Millionen Jahren) wurden Thüringer Wald und Thüringer Schiefergebirge, Harz und Kyffhäuser herausgehoben. Ursache dafür waren tektonische Spannungen hervorgerufen durch die Kollision der Alpen. Dabei wurden die heutigen Mittelgebirge emporgequetscht. Da jede tektonische Heraushebung unmittelbare Abtragung zur Folge hatte, legte die Erosion in den Mittelgebirgen während geologisch kurzer Zeiträume tiefere (und ältere) Einheiten frei. So erklärt

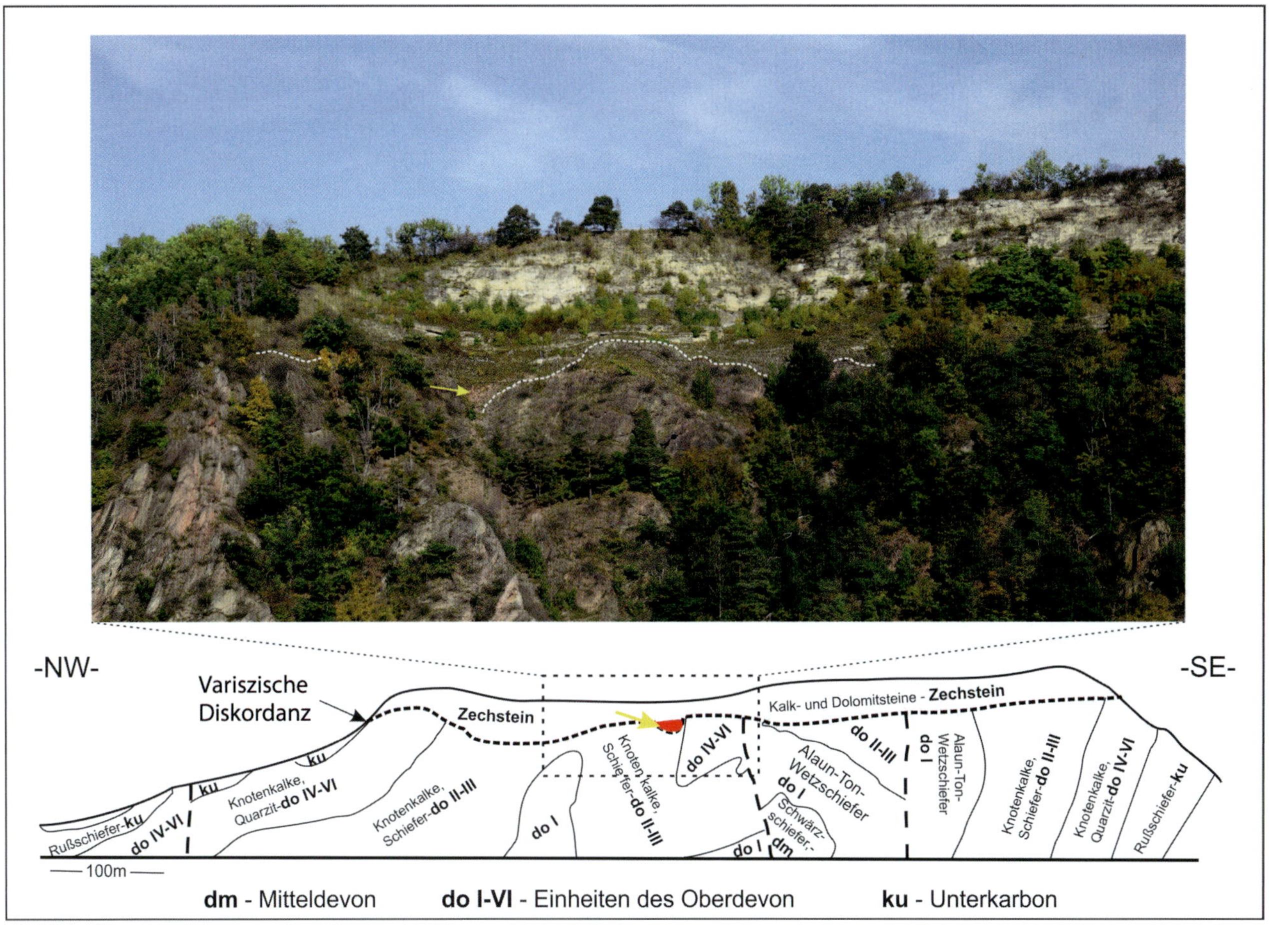

8: Die Variszische Diskordanz am Bohlen bei Saalfeld. Über einer ca. 50 m hohen Abfolge aus verfalteten, mächtigen Devon- und Karbongesteinen (Grundgebirgsstockwerk) folgen wenige Meter Rotliegend-Sandsteine (Übergangsstockwerk), die meist überwachsen sind. Die hellen Zechsteinkalke darüber gehören zum Tafelgebirgsstockwerk. Das extrem geringmächtige Übergangsstockwerk am Bohlen kontrastiert mit mehreren 100 m dicken Abfolgen im Thüringer Becken. Die beiden Grenzflächen Variszische Diskordanz und Tafelgebirgsdiskordanz liegen hier so eng übereinander, dass eine Trennung graphisch nicht darstellbar ist (umgezeichnet nach verschiedenen Vorlagen).

9: Die Saale-Senke liegt mehrere 100 m tief im Untergrund. Sie wurde im Verlauf des späten Karbons und Perms mit kontinentalen Sedimenten verfüllt. In drei Übertagevorkommen 1–3 können Ablagerungen der Saale-Senke studiert werden; die Gesamtrekonstruktion basiert hauptsächlich auf Bohrungsdaten. Das Oval beschreibt den Umriss des heutigen Thüringer Beckens (umgezeichnet nach verschiedenen Autoren).

sich, dass hier die jüngeren, ursprünglich darüber liegenden und bis zu 6km dicken Gesteinseinheiten vom Zechstein bis Paläogen heute fehlen. Gleichzeitig wurde die Erdkruste zwischen Alpen und Nordsee bis in das Neogen großflächig domartig aufgewölbt, was in der Folge auch zu ausgedehnter Erosion führte und z. B. im Thüringer Becken Jura und Kreisablagerungen abtrug. Der „letzte Schliff" fand durch glaziale Erosion während der pleistozänen Kaltzeiten statt. All diese Prozesse führten zu den unterschiedlichen Landschaftsformen und den verschieden alten Gesteinen an der heutigen Oberfläche.

Gebirgsstockwerke und Diskordanzen

Die vielfältigen, über 1.000 m dicken paläozoischen bis holozänen Gesteinsabfolgen Mitteldeutschlands werden traditionell in vier Stockwerke untergliedert, die geologisch-strukturelle Einheiten darstellen[3]. Diese Stockwerke sind durch Diskordanzen (+/- horizontale Trennflächen) voneinander getrennt (6,8). Im Gegensatz zur „Konkordanz" (Schichtlagerung ohne Zeitlücken) grenzen an einer „Diskordanz" geneigte und horizontal gelagerte Abfolgen mit Zeitlücken aneinander.

Diskordanzen sind „Flächen ohne Ablagerung". In Gesteinsabfolgen repräsentieren sie Lücken (oft viele Millionen Jahre) ohne Gesteinsüberlieferung. Die in den Lücken steckenden Zeiträume kann man über die Alter der über und unter der Diskordanz liegenden Gesteine exakt bestimmen. Diskordanzen entstanden beispielsweise nach einer Gebirgsbildung, wenn riesige Flächen herausgehoben wurden. Da jede Heraushebung postwendend eine Abtragung zur Folge hat, werden diese Bereiche über Jahrmillionen hinweg erodiert. Wenn nach der Einebnung auf dieser Erosionsfläche wieder sedimentiert wird, markiert dies eine Diskordanz. Innerhalb der mächtigen Sedimentpakete des Thüringer Beckens sind drei große Diskordanzen auszumachen, welche die vier Stockwerke voneinander abgrenzen (6). Jeder der Diskordanzen markiert eine Zeitlücke von unterschiedlich langer Dauer.

Da sich die großen Diskordanzen meist über mehrere 100 Kilometer hinweg erstrecken, können die dazwischen liegenden Stockwerke über weite Entfernungen korreliert werden. Dabei stellen jüngere tektonische Brüche, Abrisse oder Änderungen der Gesteinszusammensetzung (Faziesgrenzen) keine Hindernisse dar. Weitere Details zum Stockwerksbau im größeren geographischen Rahmen sind in Katzung & Ehmke zu finden[3].

Das oberste und somit jüngste „Deckgebirgsstockwerk" umfasst paläogene, neogene und quartäre Gesteine. Die meist unverfestigten Lockersedimente sind tektonisch kaum deformiert. Das

10: Die Diskordanz an der Basis des Tafelgebirgsstockwerks ist mit der Rotliegend-Zechstein-Grenze definiert – hier markiert durch die gestrichelte Linie (Aufschluss Schiefergasse in Gera-Milbitz). Das 1 m mächtige Zechsteinkonglomerat darüber enthält marine Kalkschaler (Brachiopoden, Muscheln), gefolgt von 0,3 m sandigen Kalken (Mutterflöz) und dem ca. 0,25 m mächtigen Kupferschiefer darüber.

darunter liegende „Tafelgebirgsstockwerk" wird von jungpaläozischen bis mesozoischen Gesteinen (Zechstein–Kreide) aufgebaut, die ihrerseits vom „Übergangsstockwerk" (Stefanium–Rotliegend) unterlagert werden (10). Die jungpaläozischen Abfolgen sind aus zahlreichen Bohrungen im Thüringer Becken bekannt, daneben aber auch in der Nachbarschaft altpaläozoischer Gesteine des „Grundgebirgsstockwerkes" anzutreffen.

Drei klar definierte Diskordanzen trennen die vier Stockwerke (6): Die älteste, sogenannte „Variszische Diskordanz" (8, 52) kennzeichnet die Grenzfläche zwischen dem verfalteten Paläozoikum des Grundgebirgsstockwerks und dem unverfalteten Oberkarbon–Rotliegend darüber, das zum Übergangsstockwerk gehört. Die zweite Diskordanz an der Obergrenze des Übergangsstockwerks ist durch den lithologischen und farblichen Wechsel an der Zechsteinbasis gekennzeichnet und definiert die Basis des Tafelgebirgsstockwerks (10). Die Obergrenze des Tafelgebirgsstockwerks verläuft an der Basis paläogener-neogener bzw. quartärer Lockergesteine, die auf unterschiedlich alten Gesteinen (Keuper–Ober-Cenomanium) liegen.

11: Die Burg Wendelstein über dem Tal der Unstrut steht auf stark verkarstetem Werra-Anhydrit (Zechstein), der durch Salzaufstieg an die Oberfläche gelangte.

Das Grundgebirgsstockwerk und das Variszische Gebirge

In dieser Einheit werden Sedimente, Magmatite und Metamorphite zusammengefasst, die während der variszischen und älterer Gebirgsbildungen entstanden sind, also zwischen Kambrium und Karbon (vor 539–304 Millionen Jahren). Das mehrfach erbohrte Grundgebirgsstockwerk des Thüringer Beckens gehört zur Mitteldeutschen Kristallinschwelle, einer NO-SW verlaufenden tektonischen Einheit innerhalb des Variszischen Gebirges (7). Die variszische Gebirgsbildung lässt sich durch ganz Mitteleuropa bis nach Spanien, Nordafrika und Nordamerika verfolgen und ist das Ergebnis des Zusammenschubs tektonischer Großplatten. Auch Mitteldeutschland wurde seit dem frühen Oberkarbon (vor 325 Millionen Jahren) von diesen Kräften erfasst und die Kruste samt mehreren 1000 m mächtigen Gesteinspaketen aus der (prä)Devon- bis Karbonzeit auf etwa 60 % ihrer ursprünglichen Breite eingeengt. Dabei wurden die Gesteine zu großen Sattel- und Muldenstrukturen verformt, die wiederum aus zahllosen kleineren Falten bestehen (8). Zudem bewirkten die tektonischen Kräfte, dass die Gesteine zum Teil geschiefert, zerbrochen und gegeneinander verschoben wurden.

Zu Beginn des Perms klang die variszische Gebirgsbildung aus. In dieser Zeit lag Mitteldeutschland innerhalb des Superkontinentes Pangäa, der fast alle Landmassen der Erde umfasste. Bedingt durch die Lage Mitteleuropas nahe dem Äquator und die enorme Größe der kontinentalen Landmasse herrschte in unseren Breiten ein trockenheißes Klima, das entscheidend das Leben und die Ablagerungsprozesse prägte.

Mit der Heraushebung des Variszischen Gebirges setzten rasch wieder Abtragungsprozesse ein, die seit dem späten Oberkarbon Schotter und Sand in tiefer gelegene Beckenbereiche, wie die Saale-Senke (9), transportierten, wo sie zu teilweise mächtigen Sedimentstapeln akkumulierten. Die Grenze zwischen dem Variszischen Grundgebirge und dem Übergangsstockwerk wird durch eine +/- horizontale Trennfläche definiert, die man Variszische Diskordanz nennt. Sie tritt oft durch den Wechsel von dunklen zu rötlichen Gesteinsfarben und die Änderung des tektonischen Baustils (von gefaltetem Paläozoikum zu ungefaltetem Jungpaläozoikum) in Erscheinung. Am Bohlen bei Saalfeld befindet sich einer der eindrucksvollsten Aufschlüsse der Variszischen Diskordanz (6, 8), der den Status eines „Nationalen Geotops" erhielt.

Das Übergangsstockwerk (304–260 Millionen Jahre)

Diese Einheit umfasst Konglomerate, Sand- und Tonsteine des jüngeren Oberkarbon–Rotliegend (Pennsylvanium–Guadalupium), die als Abtragungsprodukte des Variszischen Gebirges in mehreren Becken Mitteldeutschlands abgelagert wurden. Sie kommen lokal begrenzt vor, oft zusammen mit Vulkaniten (meist Rhyolithe, früher „Quarzporphyre" genannt).

Da Leitfossilien oft fehlen, ist die zeitliche Zuordnung der einzelnen Gesteinspakete im Oberkarbon und Perm meist schwierig. Die Datierungen einiger Vulkanite trugen zwar zur Verbesserung des Zeitgerüsts bei, doch sind viele Detailfragen nur in der Kombination mehrerer Datierungsmethoden lösbar (33).

Ab dem jüngeren Oberkarbon wurden Wechselfolgen aus Sedimenten und Vulkaniten zunächst in isolierten Senken abgelagert. Bis zum Ende der Ablagerungszeit des Rotliegend (Guadalupium) erweiterte sich das Senkungsgebiet zu einer weitflächigen Beckenstruktur, der Saale-Senke. Die Ablagerungen des Übergangsstockwerks liegen heute meist im tieferen Untergrund. Am Kyffhäuser und am Nordrand des Thüringer Waldes können die Beckenabfolgen an herausgehobenen Schollen studiert werden. Dazu gehören etwa die mehrere 100 m mächtigen Sandsteine des Tambach-Beckens südlich von Gotha (26).

Das Tafelgebirgsstockwerk (260–66 Millionen Jahre)

Am Ende des Rotliegend wird das Zentraleuropäische Becken, zu dem auch die Saale-Senke gehört, vom Meer überflutet („Zechstein-Transgression"). Damit verbunden sind gravierende Veränderungen von kontinentalen Wüsten zu tropischen Meeren, deren Ränder von Riffgürteln gesäumt sind. An der Basis des Tafelgebirgsstockwerkes sind neben Konglomeraten die fossilreichen Kupferschiefer anzutreffen (10, 40, 52). Mächtige Zechstein- und Triasablagerungen darüber kommen fast im gesamten Thüringer Becken vor. Sie umfassen den Zeitabschnitt vom Lopingium (spätes Perm, 260 Millionen Jahre) bis zur späten Trias (Rhaetium, 201,5 Millionen Jahre).

Ablagerungen zwischen später Trias (Keuper) und Cenomanium fehlen im Thüringer Becken weitgehend; deshalb wurde die entsprechende Zeitspanne (201,5–72 Millionen Jahre) in der stratigraphischen Übersicht schraffiert dargestellt (6). Die mit a, b und c gekennzeichneten Flächen stehen für lokale Gesteinsvorkommen des frühen Juras bzw. der spä-

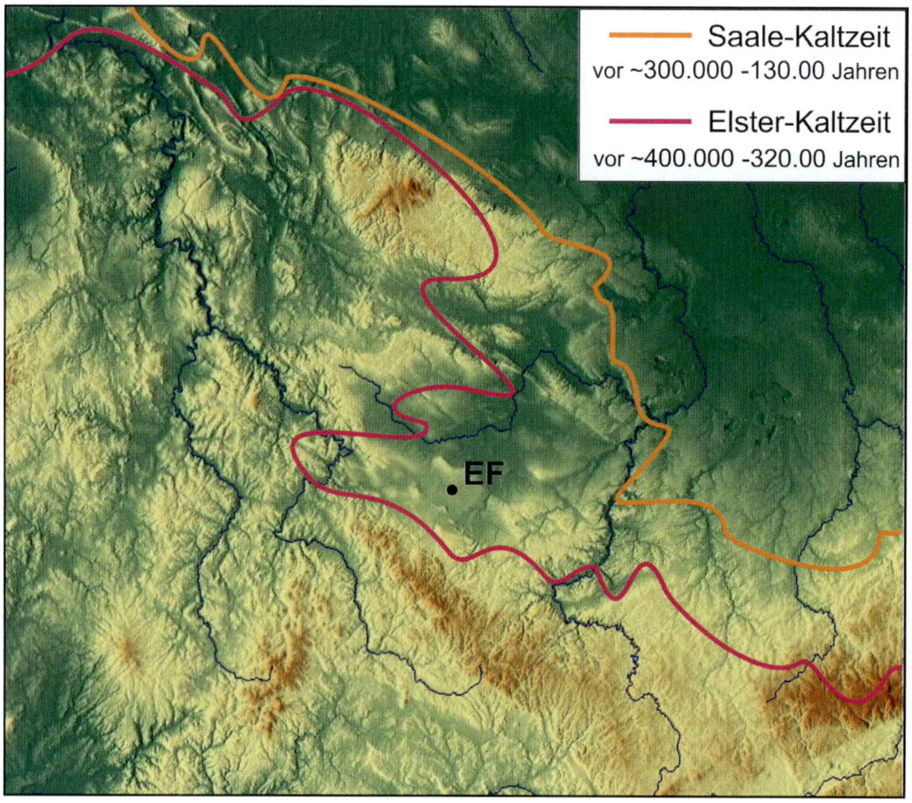

12: Das Inlandeis bedeckte während der Elster-Kaltzeit weite Bereiche des Thüringer Beckens (Linien nach verschiedenen Quellen, Kartengrundlage nach https://maps-for-free.com).

ten Kreide. Obwohl nur als Relikte bei Gotha und Eisenach bzw. im Ohmgebirge nachgewiesen, belegen sie Meeresüberflutungen und eine weitflächige Sedimentbedeckung im Thüringer Becken, die jedoch durch spätere Erosion wieder fast komplett abgetragen wurde[1].

Das Tafelgebirgsstockwerk ist durch lokal mächtige Salzabfolgen (Salinare) im Zechstein, im Mittleren Buntsandstein und im Mittleren Muschelkalk gekennzeichnet. Alle drei Salzlager können unterirdisch ausgelaugt werden (Subrosion) oder in Aufstiegsbewegung geraten (Salzmobilität). An der Oberfläche führt dies zu Erdfällen oder lokalen Heraushebungen. Da beide Prozesse zu verschiedenen Zeiten in regional unterschiedlichen Bereichen stattfanden, können die geologischen Abfolgen des Thüringer Beckens örtlich in ganz verschiedener Ausprägung angetroffen werden.

Das Deckgebirgsstockwerk (66 Millionen Jahre bis heute)

Die meist unverfestigten paläogenen bis quartären Lockersedimente des jüngsten und obersten Stockwerks liegen diskordant über unterschiedlich alten spätmesozoischen bzw. neogenen Gesteinen. Ablagerungen des Paläogen und Neogen (66–2,6 Millionen Jahre) kommen in den nordöstlichen Ausläufern des Thüringer Beckens nur relikthaft vor. Dies ist insbesondere durch die spätere tiefgreifende Erosion während der quartären Eisvorstöße begründet. Im Geiseltal-Becken (4), am nordöstlichen Rand des Thüringer Beckens, wurden bis in die frühen 1990er Jahre eozäne Braunkohlen abgebaut. Nach der Flutung sind die Tagebaue jedoch nicht mehr zugänglich.

Die quartären Locker- und Festgesteinsvorkommen sind im Wesentlichen durch klimatische Veränderungen während der Elster- bis Weichsel-Kaltzeiten (500.000–12.000 Jahre) bestimmt. Aus dem skandinavischen Raum reichten die Randlagen der großen arktischen Vereisungen unterschiedlich weit ins Thüringer Becken (12). Während der dazwischen liegenden Warmzeiten entstanden vielerorts Travertine, die als wichtige Bausteine für die mittelalterliche Architektur vor allem im westlichen Thüringer Becken stilprägend sind.

Die zweiphasige Heraushebung in der späten Kreidezeit und im Paläogen führte zur nachfolgenden Erosion weiter Bereiche Nord- und Mitteldeutschlands und damit auch des Thüringer Beckens. Die Hauptphase dieser Heraushebung und Erosion wird der späten Kreidezeit zugeordnet; allerdings werden ein früherer Beginn und/oder ihre Fortsetzung im Paläogen für bestimmte Gebiete und Strukturen angenommen[1]. Hebung im Mesozoikum und Känozoikum und nachfolgende Erosion sind in denjenigen Gebieten sichtbar, in denen das Variszische Grundgebirge und permische bis triassische Gesteine freigelegt sind.

Das Übergangsstockwerk (Oberkarbon und Perm)

Die Abfolgen des obersten Karbons und des Rotliegend sind im Thüringer Becken aufgrund der Bedeckung mit jüngeren Gesteinen oft nur in Bohrungen nachgewiesen. Jedoch treten an den Südrändern von Harz und Kyffhäuser, ebenso wie am Nordrand des Thüringer Waldes, die tieferen Abschnitte des Übergangsstockwerks zu Tage. Sie wurden durch die Heraushebung der Mittelgebirge ab der späten Kreide aus der Tiefe mit hochgeschleppt.

13: Die Reichsburg Kyffhausen mit dem Kyffhäuser-Denkmal und dem kleinen Barbarossaturm (links). Die Burganlage steht auf roten Sandsteinen und Konglomeraten der Siebigerode-Formation, die an steilen Abbrüchen anstehen. Diese Gesteine wurden im jüngsten Oberkarbon in der Saale-Senke abgelagert (9). Da der Kyffhäuser ab der späten Kreidezeit herausgehoben wurde, sind mit diesen Abfolgen Einblicke in Tiefen möglich, die sonst nur im Untergrund des Thüringer Beckens aus Bohrungen bekannt sind. Im Hintergrund die Goldene Aue und der Harz. Foto: Heiko Kolbe.

Bezogen auf die Paläogeographie während des späten Karbons und frühen Perms gehören die jungpaläozoischen Abfolgen im Norden zum Saale-Becken, während die südlich gelegenen dem Thüringer Wald-Becken zuzuordnen sind[19,20].

Das jüngste Oberkarbon am Kyffhäuser

Der Höhenzug des Kyffhäusers wurde ab der späten Kreide herausgehoben, wobei der vertikale Versatz am Nordrand bei Kelbra bis 1.500 m beträgt, während am Südrand bei Bad Frankenhausen nur etwa 200 m nachgewiesen wurden. Dadurch entstand eine keilförmige, flach nach Süden geneigte Pultscholle, die aus der Ferne sehr gut sichtbar ist. Am Nordrand steht das Grundgebirge der Mitteldeutschen Kristallinzone an (7), während am Kamm der Südflanke Rotsedimente des späten Oberkarbons („Stephanium" bzw. Gzhelium = jüngste Stufe des Pennsylvaniums) anstehen, die zur Saale-Senke gehören (9). Diese Gesteine werden weiter südwärts von Zechstein-Salinaren überdeckt und bestimmen das Landschaftsbild um Bad Frankenhausen. Eine bunte Mischung aus Konglomeraten, Sand- und Tonsteinen

14: Unterhalb des Kyffhäuser-Denkmals thront Kaiser Barbarossa. Das Fundament steht auf geschichteten Sandsteinen der Siebigerode-Formation.

15: Verkieseltes Holz vor dem kleinen Museum im Burghof. Die Funde stammen aus der Siebigerode-Formation in der Umgebung.

16: Verkieselter Baumstamm in der Siebigerode-Formation unterhalb des Kyffhäuser-Denkmals. Einige herausgelöste Wurzelabdrücke (weiße Linien) lassen den Gesamtumfang des Wurzelstocks erahnen, der zusammen mit sandigen Konglomeraten (B) auf einer Sandbank (A) abgesetzt wurde. Die noch unverfestigten Sande wurden dabei eingedrückt bzw. nach oben gepresst (Pfeile).

der bis zu 800 m mächtigen Siebigerode-Formation wurde während des Oberkarbons im Saale-Becken abgesetzt (6, 9). Sie ist in der Umgebung des Kyffhäuser-Denkmals aufgeschlossen (13).

Dort sind schwarze, verkieselte Hölzer zu finden, die unter Sammlern begehrt sind (15). Die Größe variiert von dünnen Bruchstücken bis hin zu über 10 m langen Stämmen, die oft isoliert und eingeregelt in konglomeratischen Sandsteinen vorkommen. Sedimentologische Untersuchungen belegen, dass sie zusammen mit Kies und Sand in reißenden Flüssen bis zu 60 km weit ins Zentrum des Saale-Beckens transportiert wurden[19]. Die Ablagerungsprozesse innerhalb der Siebigerode-Formation sind in einem „versteinerten Momentbild" am Wanderweg unterhalb des Kyffhäuser-Denkmals sehr schön zu sehen (16). Der Aufschluss illustriert, wie ein Baumstamm in einem Fluss zusammen mit dem Sediment verfrachtet und bei nachlassendem Hochwasser auf einer Sandbank abgesetzt wurde. Später wurde der Stamm von kiesigem Sand begraben (16, 17).

17: So könnte es im reißenden Fluss zur Zeit der Siebigerode-Formation ausgesehen haben: Strauchreiche Wälder spiegeln ein saisonal trockenes Klima während des späten Oberkarbons wider. Bei Hochwasser mitgerissene Stämme wurden bei nachlassender Überflutung auf Barren abgelagert. Grafik: Frederik Spindler.

Sucht man nach Rezentvergleichen für die sandig-kiesigen Ablagerungen der Siebigerode-Formation, wird man beispielsweise beim verzweigten Flusslauf des Tagliamento fündig (18). Dieser aus den Südalpen kommende Fluss mündet bei Bibione in die Adria. In seinem Mittellauf tritt er im regenreichen Frühjahr regelmäßig über die Ufer und reißt Bäume, Geröll und Sand mit. Diese „verwilderten" Flussbereiche, als „braided rivers" bezeichnet, sind fossil in vielen Abfolgen anzutreffen.

Bei den Treibhölzern des Oberkarbons handelt es sich um Gymnospermen (Nacktsamer). Sie dominierten die Wälder im ausgehenden Paläozoikum. Im Gegensatz zu den älteren sumpfigen Steinkohlenwäldern waren die Floren des jüngsten Karbons an zeitweilige Trockenheit angepasst. Dadurch konnten sie den Übergang zum ariden Klima im frühen Perm überstehen. Neben den heute noch weit verbreiteten Nadelhölzern (Koniferen) gab es damals die Cordaiten, eine ausgestorbene Gymnospermengruppe. Die in der Siebigerode-Formation häufigen Stämme gehören überwiegend zur Nadelholzgattung *Agathoxylon*[19]. Daneben sind auch Farne, Calamiten und Farnsamer nachgewiesen, die jedoch alle nur geringe Wuchshöhen erreichten.

Die verkieselten Hölzer in den Wäldern unterhalb des Kyffhäuser-Denkmals dürfen zwar gesammelt, auf keinen Fall jedoch aus dem Anstehenden herausgeschlagen werden. Hat man kein Finderglück, so bleiben noch die schönen verkieselten Holzstämme zu bewundern, die innerhalb der Denkmal-Anlage ausgestellt sind (**15**).

Das Rotliegend beginnt in Mitteldeutschland explosiv

In der Spätphase der variszischen Gebirgsbildung lösten anhaltende Bewegungen der Erdkruste starken Vulkanismus aus. Die Eruptionszentren der Vulkane lagen am Rande (Thüringer Wald) bzw. in weiterer Entfernung des Thüringer Beckens (Raum Leipzig-Chemnitz bzw. Halle-Flechtingen). Die oft mächtigen sauren Vulkanite („Quarzporphyre“) wurden bei vorherrschendem Wüstenklima häufig wieder erodiert. Seltene, aber heftige Regenfälle transportierten den Abtragungsschutt über Flüsse in die umliegenden Gräben und Senken. Somit sind permische Landoberflächen nur vereinzelt und lokal begrenzt nachweisbar, wie beispielsweise im „Chemnitzer Wald“. Dort bedeckten Ascheschichten eines Vulkanausbruchs im frühen Perm die damalige Landschaft und trugen zur Verkieselung der Bäume und Böden bei, sodass viele Einzelheiten der damaligen Ökosysteme heute studiert werden können[14].

Im Thüringer Wald-Becken sind im späten Oberkarbon und im Rotliegend bis zu 4.500 m mächtige Ablagerungen überliefert, wobei diese „gestapelte Maximalmächtigkeit“ mehr als 2.000 m Vulkanite mit einschließt[20]. Die Abfolgen aus Konglomeraten, Sand-, Silt- und Tonsteinen mit zwischengelagerten Vulkaniten (Andesite, Rhyolithe etc.) schwanken in ihren Mächtigkeiten sehr stark.

Seit einigen Jahrzehnten werden überraschende und spektakuläre Fossilfunde um den Freiberger Paläontologen Jörg W. Schneider publiziert[15-17,19] und ermöglichen hervorragende Einblicke in die permische Lebewelt. Die besten Funde stammen aus Seeablagerungen, die in mindestens zehn Horizonten, wie z.B. dem „Gottlob-Horizont“ (**19**), innerhalb der Rotliegend-Abfolgen vorkommen. Sie bilden auch die Basis für die biostratigraphische Untergliederung des späten Oberkarbons und Unterrotliegend mit Hilfe von Insekten, Amphibien und Conchostraken (kleine Kiemenfußkrebse mit zwei Schalenklappen)[16,17]. Die Datierungen der ältesten permischen Seeablagerungen der Manebach-Formation wurden jüngst zusammengefasst[15].

18: Südlich von Forgaria (Friaul) zeigt der Flusslauf des Tagliamento Merkmale eines verzweigten bzw. verwilderten Flusses (braided river). Die Kiesbänke und Rinnen mit sandigem Untergrund können sehr gut als aktualistischer Vergleich für die Ablagerungsbedingungen der Siebigerode-Formation herangezogen werden. Wikimedia Commons, Lizenz CC4.0.

19: „Gottlob-Horizont“ (weißer Pfeil zeigt die Oberkante) – Seeablagerungen aus dem gleichnamigen Naturdenkmal bei Friedrichsroda. In den dunklen, gebänderten Tonsteinen des Unterrotliegend (Goldlauter-Formation) wurden massenhaft Amphibien, Fische und Pflanzen gefunden.

Bemerkenswerte Fossilfunde aus zwei Seehorizonten des Unterrotliegend

Zwei außergewöhnliche Fundstellen ehemaliger Seeablagerungen der Goldlauter-Formation (Unterrotliegend) im Thüringer Wald-Becken lieferten zahlreiche Fossilreste in exzellenter Erhaltung. Beide Fundorte dokumentieren die besondere Bedeutung der terrestrischen Rotliegend-Fossilien, die wesentlich zum Verständnis der erdgeschichtlichen Entwicklung im kontinentalen Unterperm beitrugen.

Aus den 2 m mächtigen schwarzen Tonsteinen des „Gottlob-Horizonts“ der Oberen Goldlauter-Formation, die an der Basis der Aufschlusswand des ehemaligen Steinbruchs Gottlob bei Friedrichsroda vorkommen (19), wurden im Laufe jahrzehntelanger Aufsammlungen massenhaft Reste von Amphibien und Fischen geborgen. Neben molchähnlichen Branchiosauriern dominieren bei den Fischen die Schmelzschupper, seltener kommen Süßwasserhaie (Xenacanthiden) vor. Daneben wurden zahlreiche Koniferen, Farne und Schachtelhalme gefunden.

Im Steinbruch Cabarz südlich von Bad Tabarz wurden ebenfalls bedeutende Fossilfunde aus dem Unterperm geborgen. Die relativ häufigen Funde von Abdrücken fossiler Insekten (Spiloblattiniden) ermöglichten eine biostratigraphische Gliederung der kontinentalen Ablagerungen der Unteren Goldlauter-Formation[16,17]. Neben schabenartigen Insekten wurden Abdrücke riesiger Libellen nachgewiesen (24). Bei einer Flügelspannweite von 40–45 cm gehören sie zu den größten Insekten des späten Paläozoikums in Deutschland. Die Funde erlauben weltweite Vergleiche mit Rieseninsekten derselben Epoche. Urlibellen aus Nordamerika (*Meganeuropsis permiana*) erreichten sogar bis zu 70 cm Spannweite,

20: Die beiden Schmelzschupperfische Paramblypterus (groß) und Elonichthys aus dem „Gottlob-Horizont“ der Goldlauter-Formation bei Friedrichroda. Naturhistorisches Museum Schleusingen, Foto: J. Kuss.

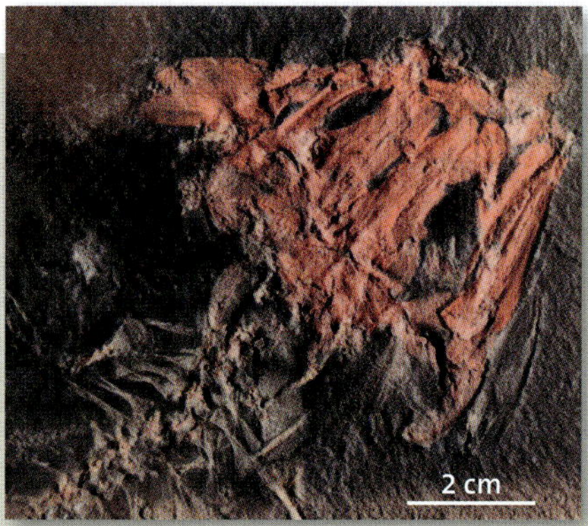

21: Melanerpeton eisfeldi Werneburg, der Schädel eines Branchiosauriers aus dem „Gottlob-Horizont“. Die Rotfärbung geht auf Hämatit (Fe_2O_3) zurück. Infotafel, Friedrichsroda, Foto: J. Kuss.

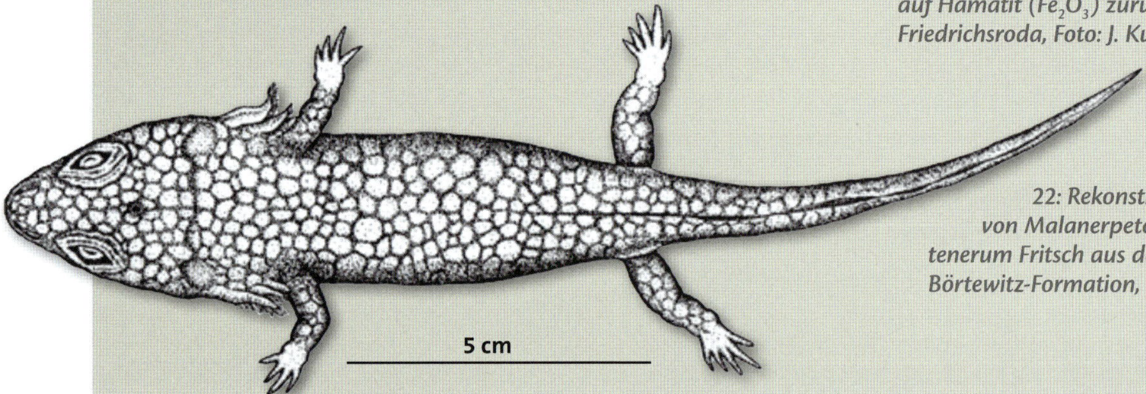

22: Rekonstruktion von Malanerpeton tenerum Fritsch aus der Börtewitz-Formation, Unterperm[22].

23: Sysciophlebia balteata (Scudder) definiert eine Insekten-Biozone im Unterperm[16,17].

24: Das „Tabarzer Rieseninsekt". Die Abdrücke der Vorderflügel (rechts unten) lassen auf eine Flügelspannweite von 40–45 cm schließen. Die Funde aus dem Steinbruch Cabarz sind wissenschaftlich noch unbeschrieben. Vitrine in der Touristinformation Bad Tabarz, Foto: J. Kuss.

25: Sphenopteris germanica Weiss, ein Farnsamer aus der Unteren Goldlauter-Formation. Naturhistorisches Museum Schleusingen, Foto: J. Kuss.

was ungefähr der Größe einer Möwe entspricht! Dass Insekten überhaupt zu derartigen Giganten heranwachsen konnten, wird auf den hohen Sauerstoffgehalt der Erdatmosphäre zur frühen Permzeit zurückgeführt. Hierauf weisen aktualistische Versuche hin: gezüchtete Essigfliegen (*Drosophila melanogaster*) evolvieren unter künstlich erhöhter Sauerstoffkonzentration innerhalb weniger Generationen zu größerem Körperwachstum[9].

Doch warum stieg der Sauerstoffgehalt der Erdatmosphäre am Ende des Paläozoikums an?

Obwohl sich die Angaben zur Atmosphärenzusammensetzung früherer Zeiten unterscheiden, besteht Einigkeit, dass der Sauerstoffgehalt vor 320 bis 260 Millionen Jahren (spätes Karbon–frühes Perm) zu Maximalwerten anstieg, die fast 50% über dem heutigen lagen. Der Grund dafür liegt in der raschen Entwicklung der großen Gefäßpflanzen und ihrer ausgedehnten Verbreitung in Tieflandsümpfen, in denen riesige Mengen organischen Pflanzenmaterials nach dem Absterben in fast sauerstofffreiem Milieu angesammelt wurden. Daraus entstanden die gewaltigen Steinkohlenlager. Weil lebende Pflanzen weiterhin große Mengen an Sauerstoff produzierten, dieser aber kaum verbraucht wurde, stieg der Sauerstoffgehalt in der Atmosphäre, mit einem Höchststand im frühen Perm. Dies ermöglichte also die Evolution riesiger

Fluginsekten, deren Atmung über Tracheen (ein System feiner Röhren) stattfand, wobei die Luft direkt ins Gewebe diffundiert. Unter den heutigen Bedingungen könnten solche Rieseninsekten nicht überleben.

Das Oberrotliegend und die Bromacker-Fossilien

Die bis zu 280 m dicken Sand-, Silt- und Tonsteine der Tambach-Formation (Oberrotliegend) repräsentieren die Verfüllung einer schmalen Senke, die vor 290 Millionen Jahren als Tambach Teilbecken des Thüringer Wald-Beckens, bzw. der Saale Senke, entstand. Dieses canyonartige Becken verläuft in NS-Richtung und taucht mit nur wenigen Kilometern Breite und Länge bei Georgenthal (ca. 13 km S Gotha) unter die jüngeren Stockwerke des Thüringer Beckens. Nachdem die quartäre Erosion die roten Sandsteine des alten Beckens wieder freigelegt hatte, wurden sie früher in Steinbrüchen entlang des Flüsschens Apfelstädt abgebaut (26). In den gut geschichteten Rotsedimenten wurden am Bromacker zahlreiche frühe Landwirbeltiere zusammen mit Spurenfossilien gefunden. Obwohl über die „Ursaurier" vom Bromacker bereits in „Fossilien" 5/2016 und 1/2017 ausführlich berichtet wurde, kann diese einmalige Fundstelle hier nicht übergangen werden.

Wie sahen die Landschaft und die Lebewelt im Perm des Tambach-Beckens aus? Während des frühen Perms herrschten dort wechselnd feuchte und trockene Klimabedingungen und führten zu zeitweise wasserführenden Flüssen, Seen, Tümpeln und Pfützen. Auf sandigen Schwemmebenen wuchsen Landpflanzen. Aus den aquatischen Bereichen sind oft massenhaft Conchostraken nachgewiesen. Eine Besonderheit stellen Insektenfossilien und Süßwasserquallen dar. Fische wurden bislang nicht gefunden. Die Fährten der frühen Landwirbeltiere dieser Ökosysteme wurden schon vor über 100 Jahren am Bromacker nachgewiesen; die zugehörigen Skelette fand man erst 80 Jahre später. Sie sind die spektakulärsten Fossilfunde Thüringens und gehören zu den europaweit ältesten Reptilien, deren Verwandte sonst nur aus Nordamerika bekannt waren.

Die Erforschung der Fundstellen am Bromacker

Wilhelm Pabst, Kustos am Herzoglichen Museum in Gotha, fand im Jahr 1887 auf Sandsteinplatten aus dem Steinbruch Bromacker bei Tambach-Dietharz Fährtenabdrücke von damals unbekannten Tieren. Über viele Jahre hinweg sammelte er Abdrücke in den unterpermischen Sandsteinen. Mit seiner Publikation[13] wurde er zu einem Mitbegründer der Palichnologie („Spurenkunde von Fossilien"). In den 1970er-Jahren gab dann ein erster Knochenfund[11] Anlass zu weiteren Grabungen und bald konnten die

26: Steinbruch am Bromacker nahe Tambach. Hier fanden zahlreiche Grabungen statt, die spektakuläre Funde lieferten.

ersten kompletten Skelette früher Landwirbeltiere geborgen werden. Inzwischen (Stand 2023) bestätigen insgesamt 40 Skelettfunde von Landwirbeltieren die weltweite Bedeutung der Fossilfundstelle Bromacker. Weitere Fossilien ermöglichten zusammen mit sedimentologischen Befunden eine Rekonstruktion der terrestrischen Lebensräume und Ökosysteme des Unterperms im Tambach-Becken.

Die Verknüpfung von Spurenabdrücken (Ichniotherium sphaerodactylum) mit dem Erzeuger (Orobates pabsti) ermöglichte eine lebensnahe Rekonstruktion: Unter Einbeziehung von Daten lebender Verwandter, wie dem Kaiman und dem Salamander, wurden die möglichen Gangarten von Orobates pabsti getestet[12]*. Damit wurde ein etwa 290 Millionen Jahre altes Tier quasi wieder „zum Laufen" gebracht. Die Zusammenhänge zwischen Fährte und Verursacher können in Videos nachvollzogen werden, die eine Sternstunde interdisziplinärer paläontologischer Forschung darstellen*[12].

Neueste Ergebnisse zur Bromacker-Forschung zeigen, dass – ähnlich wie in heutigen Ökosystemen – eine große Anzahl von Pflanzenfressern neben wenigen Fleischfressern in Gemeinschaften nebeneinander lebten[7]. Ein weiterer Aspekt der Bromackerfunde betrifft die Evolution, da zu jener Zeit die Trennung der Vorgängerlinien von Amphibien, Reptilien und Säugetieren stattfand. Somit könnten einige der Bromackerarten auch als unsere frühesten eigenen Vorfahren angesehen werden.

Was macht den Bromacker so einzigartig?

Die Fossilfundstelle Bromacker ist europaweit die wichtigste Lokalität für frühpermische Wirbeltiere. Weltweit sind nur wenige Fundstellen mit vergleichbar gut erhaltenen frühen Landwirbeltieren aus dem Unterperm bekannt, die allesamt in Nordamerika liegen. Die Bromackerfunde belegen die Landverbindung zwischen Mitteleuropa und Nordamerika auf dem damaligen Superkontinent Pangäa. Beide Regionen lagen zur Zeit des frühen Perms viel weiter südlich, in 10–20° nördlicher Breite. Es werden wüstenartig-wechselfeuchte Klimabedingungen angenommen, die möglicherweise noch unter den Auswirkungen der vereisten Südpolkappe standen. Zudem lag der Bromacker damals innerhalb des Variszischen Gebirges in Hochlagen, was durch dort nachgewiesene Frostmarken angezeigt wird.

Warum der Bromacker zu einem „paläontologischen Mekka" wurde

Im Laufe der jahrelangen Grabungen pilgerten zahlreiche Forscher und Interessierte zum Bromacker. Spektakulär ist, dass mit Ausnahme von *Seymouria sanjuanensis*, die auch aus dem Unterperm der USA bekannt ist, 11 der bislang 12 nachgewiesenen Amphibien- und Reptilienarten zu neuen Gattungen bzw. Arten gehören. Neben *Orobates pabsti* wurden bislang folgende Arten geborgen[7]: *Diadectes absitus* (Diadectidae), *Dimetrodon teutonis* (Sphenacodontidae), *Tambacarnifex unguifalcatus* (Varanopidae), *Thuringothyris mahlendorffae* (Captorhinidae), *Eudibamus cursoris* (Bolosauridae), *Georgenthalia clavinasica* (Amphibamidae), *Rotaryus gothae* (Trematopidae), *Tambachia trogalles* (Trematopidae), *Tambaroter carrolli* (Ostodolepidae) und *Martensius bromackerensis* (Caseidae).

Amphibien oder Amnioten?

Bei zahlreichen fossilen Landwirbeltieren (Tetrapoda) ist die Zuordnung zu Amphibia und Amniota nicht immer einfach durchzuführen. Obwohl Amphi-

27: Rekonstruktion von Orobates pabsti
Bromackerlab, Foto J.Kuss

28: Beim berühmtesten Fund vom Bromacker, dem „Tambacher Liebespaar", handelt es sich um zwei nebeneinander im Sediment eingebettete Skelette von Seymouria sanjuanensis Vaughn. Diese amphibienartigen Reptilien wurden auch aus Sandsteinen in Texas nachgewiesen, was Altersvergleiche ermöglichte. Bromackerlab im Museum Schloss Friedenstein, Gotha; Foto: J. Kuss.

29: Die Fährte und sein Verursacher, mit den charakteristisch kugelig verbreiterten Zehen.

30: Die perfekten Abdrücke von Ichniotherium sphaerodactylum (Pabst, 1895) in siltigen Tonsteinen zeigen die typischen Sohlenpolster.

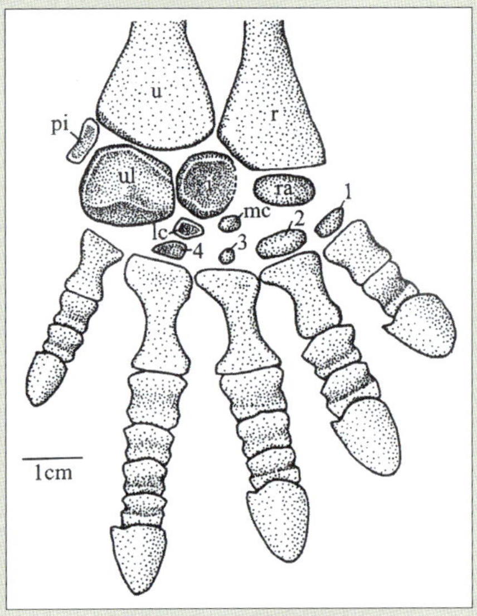

31: Rekonstruktion des Handskeletts von Orobates pabsti Berman et al.; damit können die Fährten direkt verglichen werden (überarbeitet nach Schautafeln am Saurierpfad Tambach).

32: Orobates pabsti, Holotypus eines Reptilien-artigen Amphibs, das wahrscheinlich der Spurenverursacher der Fährte Ichnotherium sphaerodactylum (30) war. Bromackerlab im Museum Schloss Friedenstein, Gotha, Foto: J. Kuss.

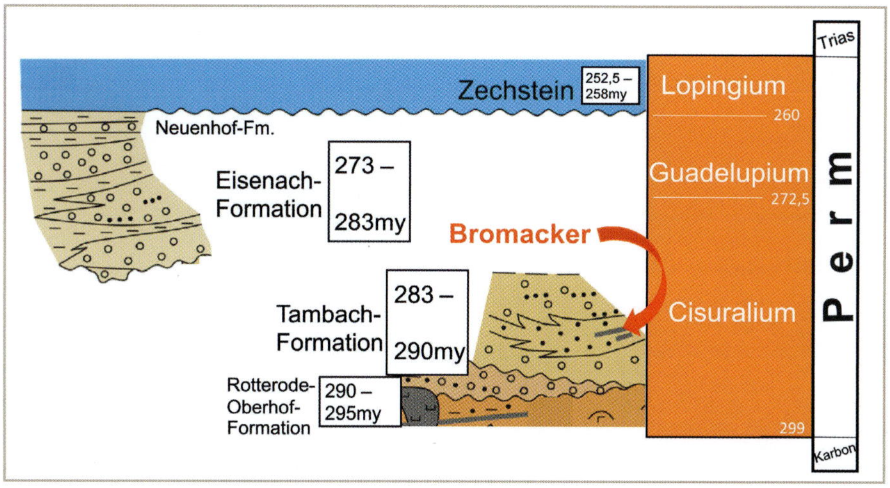

33: Die Altersdatierungen der Sandsteine der Tambach-Formation am Bromacker sind noch relativ grob. Verändert nach Lützner et al.[10].

Laufende Detailuntersuchungen an Bohrkernen aus der Umgebung des Bromackers könnten bald zu einer Präzisierung des Alters der Funde führen. In einem 2020 begonnenen Forschungsverbund werden neue geologische Detailkartierungen in der Umgebung durchgeführt und bis zu 250 m tiefe Bohrungen abgeteuft, um genauere Altersdatierungen zu ermöglichen und die damaligen Ökosysteme besser zu verstehen.

bien in der Regel vier Finger besitzen und Amnioten fünf, wird schon durch die Formulierung „in der Regel" deutlich, wo die Probleme bei der Unterteilung liegen. Heutige Amphibien, wie Frösche und Salamander, legen ihre Eier im Wasser ab, aus denen Kaulquappen schlüpfen, die eine Metamorphose durchlaufen. Im Gegensatz dazu legen Amnioten ihre Eier entweder an Land ab (heutige Reptilien und Vögel) oder der Embryo entwickelt sich im Muttertier so weit, dass er lebend geboren werden kann, wie bei den meisten Säugetieren. Da die fossilen Tiere nur extrem selten mit ihren Eiern oder Föten erhalten sind, kann ihre Gruppenzuordnung nur über die fossil erhaltenen Merkmale erfolgen. Dies erfordert ein Verständnis der komplexen systematischen Zusammenhänge, die durch Neufunde Veränderungen unterliegen. Seit einigen Jahren nehmen molekulargenetische Ergebnisse zu, wodurch vermutete Verwandtschaftsbeziehungen oft revidiert werden müssen. Die „klassischen" Wirbeltier-Stammbäume[8] sind somit dauernden Korrekturen unterworfen, die oft nur noch von Spezialisten durchdrungen werden.

Wie alt sind die Bromacker-Fossilien?

Die Alterseinstufung der Bromacker-Funde ist relativ grob, da wegen des Fehlens dafür geeigneter vulkanischer Gesteine keine radiometrischen Datierungen vorliegen. Vergleiche mit den nordamerikanischen Funden lassen ein Alter von 290–295 Millionen Jahren vermuten. Mit Hilfe des Vergleichs von geochronologischen Datierungen und der Biostratigraphie wird für die Tambach-Formation ein früheres Ablagerungsalter diskutiert, zwischen 290 und 283 Millionen Jahren (Artinskium: mittlere Stufe des Cisuraliums)[10] (6, 32).

Was kann man heute am Bromacker sehen?

Bei den aktuellen Forschungsarbeiten am Bromacker steht der Wissenstransfer von der Grabung über die Präparation bis zur Interpretation der Ergebnisse im Mittelpunkt. Seit 2022 können Besucher im Bromacker*lab*, einer interaktiven Ausstellung, auf zahlreichen Stationen an den Arbeitsprozessen der paläontologischen Forschung teilhaben. Es können auch die bis 2025 regelmäßig im Sommer stattfindenden Ausgrabungen vor Ort besichtigt werden. Daneben kann man sich zum aktuellen Fortgang der Untersuchungen informieren (https//bromacker.de). Die Präparation vieler Funde fand in Kooperation mit Spezialisten am Carnegie Museum of Natural History statt. Auf der Internetseite dieses Museums ist die spannende Geschichte von der Bergung der großen Gesteinsplatten über die Freilegung und Feinpräparation der Fossilien dokumentiert (https://carnegiemnh.org/the-bromacker-fossil-project-part-i-introduction-and-history/).

Begleitend zur Besichtigung der Fundstellen ist der 4,5 km lange „Saurierpfad" zu empfehlen, der von Georgenthal zu den Fundstellen nahe Tambach-Dietharz führt.

Zusammenfassung: *Die überwiegend roten Abfolgen des obersten Karbon und des Rotliegend (Übergangsstockwerk) treten an den Südrändern von Harz und Kyffhäuser (Region 1; (1)), ebenso wie am Nordrand des Thüringer Walds (Region 2; (1)) zu Tage. Die mehrere 100 m mächtigen Serien umfassen Sandsteine, Konglomerate und Tonsteine. In diesen festländischen Ablagerungen finden sich nicht selten gut erhaltene Pflanzenfossilien und Reste von Wirbeltieren. Sie sind für die Rekonstruktion der spätpaläozoischen Lebewelt von herausragender Bedeutung.*

34: Am Bottendorfer Hügel zeugen Mulden vom früheren Abbau des oberflächlich anstehenden Kupferschiefers. Bei den hell herauswitternden Rippen handelt es sich um das Zechsteinkonglomerat. Der Hügel liegt auf der Kyffhäuser-Crimmitzschauer Störungszone (4), an der das Zechstein-Salinar emporgepresst wurde.

Das Tafelgebirgsstockwerk (Oberperm bis Kreide)

Das Tafelgebirgsstockwerk kann im Thüringer Becken in zwei Abteilungen untergliedert werden: die untere bzw. ältere Abteilung umfasst die weit verbreiteten Gesteinspakete vom Zechstein (Oberperm) bis zum Keuper (Trias), wogegen Gesteine der jüngeren Abteilung (Jura bis Kreide) hier weitgehend fehlen. Die relikthaften Unterjura-Vorkommen vom Seeberg und die Oberkreide des Ohmgebirges belegen zwar Meeresüberflutungen, doch bleiben die regionalgeologischen Zusammenhänge über weite Bereiche spekulativ.

Innerhalb des unteren Tafelgebirgsstockwerks kommen im Zechstein, mittleren Buntsandstein und im mittleren Muschelkalk teilweise mächtige Salzabfolgen (Salinare) vor. Darunter werden alle Eindampfungsgesteine zusammengefasst, die von Anhydrit über Gips zu Steinsalz und den Kalisalzen reichen. Die drei Salzlager sind einzeln oder gekoppelt an salztektonischen Prozessen beteiligt. Dies führte fallweise zu sehr komplexen salztektonischen Brüchen und Verstellungen und zu einer disharmonischen Stockwerkstektonik.

Warum steigen Salze auf und was ist Salztektonik?

Da Salzgesteine eine geringere Dichte als andere Sedimentgesteine aufweisen, beginnen sie ab ca. 600 m Sedimentauflast nach oben zu wandern (Salzaufstieg), bis ein neues Druckgleichgewicht hergestellt ist. Mit nachlassendem Druck reichert sich das Salz weiter oben in Form von Salzkissen und Salzstöcken an. Sobald die Sedimentauflast wieder zunimmt, wandert weiteres Salz nach oben. So können über Jahrmillionen große

*Salzstöcke (Diapire) entstehen. Erreichen sie Grundwasser führende Horizonte, beginnt dort die Ablaugung der Salze. Nur lokal kommen sie bis an die Oberfläche, wo sie als salzreiche Seen angetroffen werden (z.B. bei Bad Frankenhausen). Während des Salzaufstiegs werden benachbarte Gesteine im tieferen Untergrund verdrängt, was zu komplexen tektonischen Verstellungen oder zu Aufwölbungen an der Oberfläche führen kann. Als Beispiele dafür seien der Bottendorfer Aufbruch (**34**) oder das herausgehobene Fundament der Burg Wendelstein (**11**) genannt. Beide liegen im Bereich der Kyffhäuser-Crimmitschauer Störungszone (**4**). Allerdings war nicht an allen Störungszonen des Thüringer Beckens Salzaufstieg bzw. Salztektonik wirksam.*

Der Zechstein – das Meer kommt und geht

Mit dem Begriff Zechstein werden die marinen, oft Salinargesteine führenden Gesteine zusammengefasst, die im jüngsten Abschnitt der späten Permzeit abgelagert wurden. Während das gesamte Perm eine Dauer von knapp 50 Millionen Jahren umfasst, wurden die Gesteine des Zechsteins, die in tieferen Bereichen des Thüringer Beckens bis über 600 m

35: Ein Steinsalzkristall (Halit). Nahezu ideale Kristallflächen zeichnen das kubische Kristallgitter nach. Kantenlänge ca. 30mm. Wikimedia Commons, Lizenz CC 4.0.

Mächtigkeit erreichen können, in ca. 5 Millionen Jahren abgelagert. Am Ende des Rotliegend waren die Grundgebirge (Thüringer Wald, Harz etc.) fast vollständig eingeebnet und lagen nahezu auf gleicher Höhe mit dem Thüringer Becken und dem nördlich anschließenden Norddeutschen Becken. Aus Norden strömte vom offenen Ozean her Meerwasser ein und überflutete rasch den gesamten nord- und mitteldeutschen Raum. Die Küstenlinie verlief an den buchtenreichen Nordrändern des Thüringer Walds bzw. des Thüringer Schiefergebirges. Weiter westlich reichte das Zechsteinmeer in tief eingeschnittenen Buchten weiter nach Süden bzw. überflutete das Gebiet des heutigen Thüringer Walds. Der erste Meeresvorstoß lagerte das Zechstein-Konglomerat ab. In einer zweiten Phase breitet sich dann das Meer weiter aus. Aufgrund geringer Strömungen herrschten anfangs am Meeresboden sauerstofffreie (anaerobe) Bedingungen, die zu den Faulschlammablagerungen des Kup-

36: Werra-Anhydrit mit zyklischen hellen Krusten, im unteren im unteren Drittel ist mehrfache Aufarbeitung erkennbar. Jede Kruste markiert eine Eindampfungsphase und zeigt oft Trockenrisse. Steinbruchhalde bei Rottleberode.

37: Pygopterus humboldti Agassiz, ein Knochenfisch aus dem Kupferschiefer Südthüringens. Naturkundemuseum Erfurt, Foto: J. Kuss.

ferschiefers führten. Da die Tier- und Pflanzenreste nicht zersetzt wurden, sind in diesen feingeschichteten Mergelsteinen viele gut erhaltene Tier- und Pflanzenfossilien überliefert, darunter auch Reptilien, wie beispielsweise Skelette von *Protorosaurus speneri*, die im Kupferschiefer bei Schweina/Bad Liebenstein gefunden wurden, jüngst auch bei Mansfeld. Die dünnen Ton- und Kalkmergelsteine des Kupferschiefers werden von Karbonaten (Dolomit), Sulfaten (Anhydrit) und Haliten (Stein- und Kalisalze) mit zyklischem Aufbau überlagert. Innerhalb des Thüringer Beckens sind hauptsächlich die Werra-, Staßfurt- und Leine-Formation anzutreffen (61, 6); die drei jüngere Zyklen sind dagegen nur lokal nachweisbar.

Der Kupferschiefer

Der Kupferschiefer an der Zechsteinbasis besteht aus dunklen Ton- und Kalkmergeln (40); letztere riechen beim Anschlagen stark nach Heizöl (Mutterflöz, 10). Die gute Spaltbarkeit geht beim Kupferschiefer auf eine ursprüngliche Feinschichtung des tonreichen Schlamms zurück, in dem zahlreiche Details der Fossilien erhalten blieben.

Derartige, unter sauerstoffarmen Bedingungen gebildete Ablagerungen werden auch als euxinische Sedimente bezeichnet, abgeleitet vom „Pontus Euxinus“, dem lateinischen Namen des Schwarzen Meeres. Sie wurden am Meeresboden als Faulschlamm abgesetzt und konservierten die abgestorbene Lebewelt des frühen Zechsteinmeeres. Auf den Halden der ehemaligen Kupferschiefer-Bergwerke wurden exzellent erhaltene Fossilien mit schillernden Schuppenkleidern in großer Zahl geborgen. Aus ufernahen Bereichen des Zechsteinmeers sind auch Reste von Landwirbeltieren und von Landpflanzen nachgewiesen.

Unter anoxischen Bedingungen reicherten sich, in Kombination mit hohen Kohlenstoffgehalten, fein verteilter Schwefelkies (Pyrit, FeS_2) und zahlreiche weitere Erzminerale an. Sie begründeten schon sehr früh die wirtschaftliche Bedeutung des Kupferschiefers. Die polymetallischen Kupfer-Silber-Gold-

38: Coelurosauravus jaekeli Weigelt (rechts) ist das älteste bekannte fliegende Wirbeltier. Der bis zu 40 cm lange „Flugdrachen“ aus dem Kupferschiefer in Mitteldeutschland konnte Flughäute mit knöchernen Stäben (seitlich am Rippenkorb ansetzend) aufspannen; dadurch war ein Gleitflug möglich. Die heutige Gleitechse Draco spilonotus (links) spannt die Haut durch fünf verlängerte Rippen auf. Obwohl sie C. jaekeli ähnlich sieht, besteht keinerlei Verwandtschaft. Saurierpfad Tambach, Foto: J. Kuss.

Reicherze reichen im „zentraleuropäischen Kupfergürtel“ von Großbritannien über Deutschland und Polen bis ins Baltikum. Entlang des Süd- und Ostharzrands weisen archäologische Metallfunde aus der Bronzezeit auf hoch entwickelte Bergbau- und Verhüttungstechniken im Zusammenhang mit dem Kupferschiefer hin. Am Südrand des Thüringer Beckens, zwischen Friedrichroda und Tabarz, ist heute über die Marienglashöhle die Einfahrt in ein altes Kupferschiefer-Bergwerk möglich.

In der Bergmannssprache gab es Begriffe wie z.B. das „rote todte Liegende“. Daraus wurde später der Begriff Rotliegend für die Gesteine unterhalb der erzführenden Tonsteine. Das Grubengebäude, die Zeche, stand auf dem darüber liegenden (hangenden) Gestein, das

38: *Er darf in keiner Sammlung fehlen: der „Kupferschieferhering" Palaeoniscum freieslebeni Blainville. Wikimedia Commons, Lizenz CC4.0.*

daher als der Zechstein bezeichnet wurde. Im Jahr 1883 wurde das „Saxonien" (Rotliegend) bzw. das „Thuringien" (Zechstein) vom französischen Geologen Albert de Lapparent (1839–1908) eingeführt; beide Begriffe werden auch heute noch gelegentlich als lithostratigraphische (gesteinstypische) Bezeichnung für die permischen Ablagerungen unserer Region verwendet.

Auch am Nordrand des Thüringer Beckens ist aktiver oberflächennaher Bergbau zwischen 1473 und 1781 durch Bodenverformungen, Schürfe, künstliche Terrassen und Halden bei Bottendorf belegt (34). Nachdem die oberflächlich erreichbaren Vorkommen erschöpft waren, folgte der spätere Bergbau dem Kupferschieferflöz in die Tiefe. Am Kyffhäuser wurden auf der Suche nach dem Kupferschiefer zahlreiche Stollen in den Berg getrieben, wie z.B. im Bereich der Barbarossahöhle, doch fand man dort keine abbauwürdigen Vorkommen.

Zur Rohstoffgewinnung wurden die schwarzen Tonsteine des Kupferschiefers erst interessant, wenn sie Dezimeterdicke erreichten, wie im nordöstlichen Teil des Thüringer Beckens. Über Jahrhunderte waren die hohen Metallgehalte in der Mansfelder Mulde südöstlich des Harzes Ziel des Bergbaus. Neben Kupfer-, Silber-, Zink- und Bleimineralen sind hier etwa 20 weitere Erzminerale nachgewiesen. Die oberflächlichen Vorkommen wurden auch hier später im Untergrund weiterverfolgt. Ähnlich verlief der Erzbergbau an anderen Stellen Mitteldeutschlands, so auch in Kamsdorf am Südrand der Orla-Senke, wo zudem gangförmige Vererzungen abgebaut wurden (45).

Entgegen früheren Modellen, die eine epigenetische Vererzung favorisierten (die Anreicherung erfolgte sedimentär, vergleichbar mit anoxischen Sedimenten des Schwarzen Meeres), sprechen zahlreiche neuere Daten für eine „heiße" Mineralisation. Sie resultierte aus hydrothermalen Lösungen, die entlang von Störungen im Grenzbereich der Saxothuringischen und der Rhenoherzynischen Zone aufstiegen. Alternativ wurde jüngst für die Vererzung des Kupferschiefers das „Deep-to-the-Seep"-Modell vorgeschlagen. Hierbei werden die metallreichen Fluide aus dem oberen Erdmantel hergeleitet[23].

Nachdem Ende der 1990er Jahre die großen Kupferschieferabbaue im Mansfelder und Sangerhäuser Revier geschlossen wurden, sind jetzt wieder Initiativen für erneute Bergbauaktivitäten im Gespräch. Dabei richtet sich der Blick auf das aktuell größte und am weitesten fortgeschrittene Vorhaben bei Spremberg in der sächsisch-brandenburgischen Niederlausitz, wo seit 2007 in 600–800 m Tiefe ein großes Kupferschiefervorkommen erschlossen wird.

40: *Typische Abfolge der Zechsteinbasis im Bohrkern: das Zechsteinkonglomerat an der Basis (links oben, roter Pfeil, zeigt in Richtung Hangendes), darüber ca. 50 cm mächtiger Kupferschiefer (zwischen beiden Händen). In der mittleren Kiste folgen graue Kalkmergel, die in das Werra-Karbonat (untere Kiste) übergehen. Bohrung Rottleberode; Kistenlänge je 1 m.*

41: Zechstein Steinbruch bei Pohlitz, Bad Köstritz mit grauem Dolomit der Leine Formation (Z3); die roten Tonsteine darüber werden dem jüngsten Zechstein (Z7) zugeordnet - vgl. (6).

Über dem Kupferschiefer: Kalksteine der Werra-Formation

Mit den Werra-Karbonaten setzte die Zufuhr von frischem Meerwasser ein – belegt durch offen zirkulierende Wässer und artenreiche bodenlebende Faunen. Jedoch begann der Meeresspiegel bald wieder zu sinken und die Abschnürung vom Weltmeer führte zu starker Eindampfung. Im trockenheißen Klima wurden die im Meerwasser gelösten Inhaltsstoffe so lange angereichert, bis sie in der Reihenfolge ihrer Löslichkeit – von Karbonaten über Sulfate zu Steinsalz und Kalisalzen – ausfielen und sich am Meeresboden absetzten. Die überlagernden Tone mit Anhydrit leiteten den nächsten Zyklus ein (41) und der erneute Meeresspiegelanstieg führte mit allmählich zufließendem frischem Meerwasser wieder zur Ausgangssituation zurück. Während in den zentralen Beckenbereichen Norddeutschlands bis zu sieben Eindampfungszyklen gezählt werden (Werra, Staßfurt, Leine, Aller, Ohre, Friesland, Fulda), sind die drei jüngeren Zechstein-Zyklen in Thüringen nur schwer nachweisbar. Im Steinbruch Caaschwitz (N Gera) werden tonige Ablagerungen der Fulda Formation zugeschrieben (60).

Der ideale Zyklenaufbau des Zechsteins kann lokal durch die Verlagerung von Meeresströmungen oder Änderungen des Salzgehalts unterbrochen sein, sodass einzelne Phasen regional ganz oder teilweise fehlen. Des Weiteren gab es im Zechsteinmeer auch horizontal verlaufende Eindampfungstrends. In Richtung Festland, mit zunehmend flacheren Wassertiefen, nahm die Verdunstung rascher zu und somit gingen die Salzablagerungen im Beckenzentrum küstenwärts in Anhydrit, Kalk- und Dolomitsteine und schließlich Ton- und Sandsteine über. Dieser Fazieswechsel überlagerte die Zyklizität und erschwert die Zuordnung einzelner Zyklen.

42: Die Burg Könitz (Orla-Senke) steht auf einem teilweise bewachsenen Zechsteinriff. Fossilreiche Kalksteine sind am Parkplatz unterhalb zu sehen. Bereits um das Jahr 800 als Holzburg erbaut, wechselte sie mehrfach die Besitzer und wurde ab 1562 als Schloss genutzt. Seit 2006 ist die Burg in Privatbesitz.

43: Riff oder Riffschutt? Die teilweise dolomitisierten Kalksteine (gelbe Farben) bestehen aus fest zementierten Bruchstücken von Crinoiden, Brachiopoden und Bryozoen. Isolierte Fossilien sind hier selten; besser erhaltene Körperfossilien sind auf den umliegenden Feldern zu finden. Diese Riffschuttbrekzie wurde am Felsen unterhalb der Burg Könitz fotografiert.

Die Orlasenke – ein Fenster in die Lebewelt am Ufer des Zechsteinmeeres

Die Gesteine der Werra-Formation (Z1) prägen die Zechsteinlandschaft der Orla-Senke und zeichnen den Küstenverlauf des Zechsteinmeers am Nordrand des Thüringer Schiefergebirges nach. Unter steil herausragenden Kuppen, die oft von Burgen und Schlössern gekrönt sind, verbergen sich 250 Millionen Jahre alte Riffe. Die härteren Riffgesteine wurden durch Verwitterung aus den Werra-Kalksteinen herauspräpariert. So kann man heute die versteinerten Riffbewohner in ihrem einstigen Ökosystem beobachten (42-44). Zwischen Pößneck und Könitz finden sich über ein Dutzend ringförmige Riffstrukturen (45).

Heute kann man z.B. bei Ranis, Könitz oder am Buchenberg auf alten Riffoberflächen oder entlang der Riffhänge wandern. Hanganschnitte ermöglichen hervorragende Einblicke in den Aufbau der Riffe. Sehenswert ist auch das Altenstein-Riff oberhalb von Pößneck (45) mit einem 1,5 km langen Wanderweg um einen Riffkern. Mitunter muss man die Wege für kurze Strecken verlassen, um die steilen Anrisse mit den Riffgesteinen zu erreichen. Weitere sehenswerte Zechsteinriffe sind 45 km westlich, bei Ruhla, bzw. 35 km weiter östlich, bei Gera anzutreffen (1).

Wie entstanden die Riffe des Zechsteinmeers?

An freistehenden Riffwänden können die internen Merkmale der Riffe und ihrer Organismen studiert werden. Es wimmelte von kalkschaligen Zweiklappern, hauptsächlich Muscheln und Brachiopoden, sowie Bryozoen (Moostierchen). Sie besiedelten die Meeresböden im frühen Zechstein, als das Gebiet der heutigen Orla-Senke im Küstenbereich eines tropischen Flachmeers lag. Hier lebten auch Mikro-

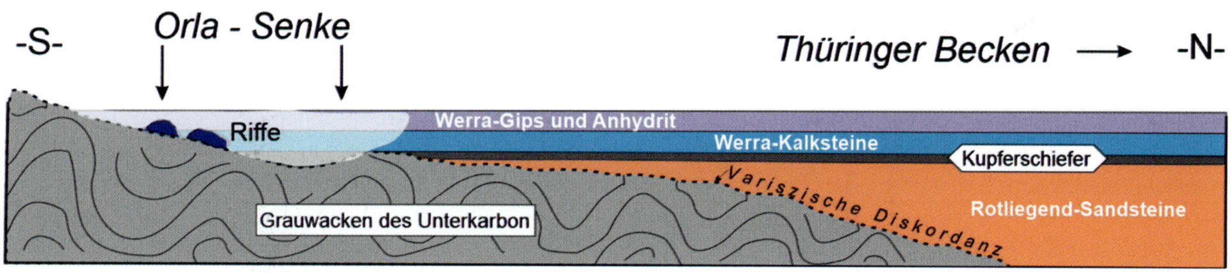

44. Querprofil durch die Orla-Senke. Mit blassen Farben sind erodierte Bereiche dargestellt, die erst vor wenigen tausend Jahren freigelegt wurden – die härteren Riffe blieben stehen. Die Küste des Zechsteinmeeres lag nur wenige 100 m weiter südlich. Die Variszische Diskordanz verläuft zwischen Grauwacken und Zechstein bzw. Rotliegend (umgezeichnet nach verschiedenen Vorlagen).

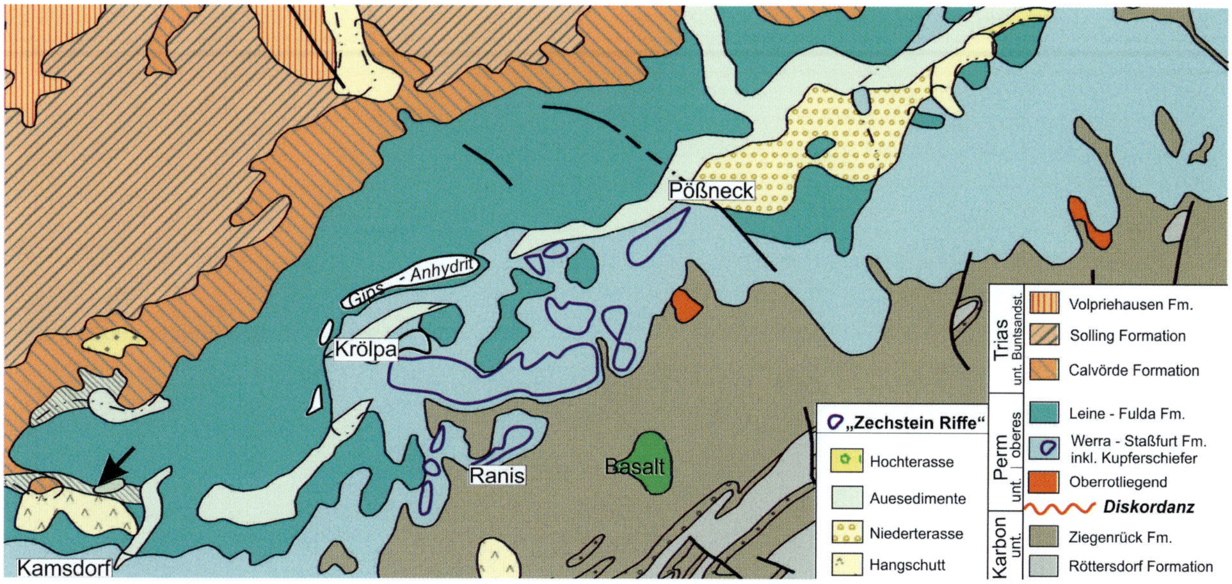

45. Geologische Karte der Orla-Senke. Blau: Zechstein, violette Linien: Riffe (verändert nach TLUG). Der schwarze Pfeil zeigt auf den Großtagebau Kamsdorf (Abbildung 52).

46: Rekonstruktion der Lebewelt an einem „Algenriff" im unteren Zechsteinkalk. Neben Brachiopoden (Horridonia, schwarz) siedeln verschiedene Bryozoen, wie die becherfömige Rectifenestella und zwei buschförmige Formen (Acanthocladia, orange und Synocladia, rosa). Nicht dargestellt sind die Mikroben. Naturkundemuseum Schleusingen, Foto: J. Kuss.

47: Bryozoenkalk aus dem Riff, überwiegend aus Bruchstücken von Acanthocladia anceps (Schlotheim) bestehend. Burg Liebenstein, Foto: J. Kuss.

48: Lebensbild von Horridonia mit charakteristischer Bestachelung auf der unteren, gewölbten Stielklappe sowie der flachen, oberen Armklappe. Die Stacheln dienten vermutlich zur Verankerung im Sediment. Gehäuse mit langen Stacheln sind selten zu finden (Zeichnung: F. Spindler).

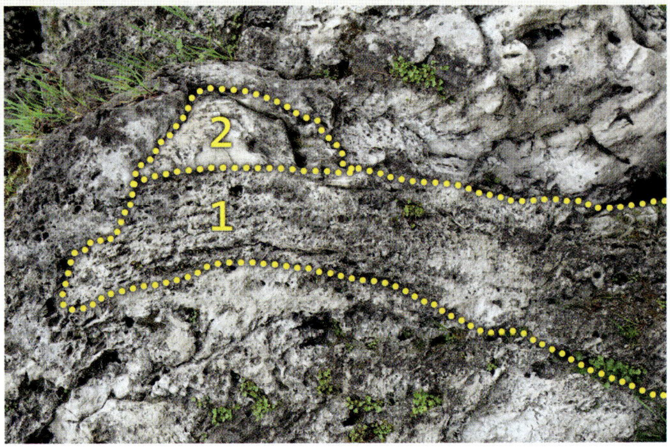

49: Kalkabscheidende Cyanobakterien bildeten dicke, poröse Lagen (1) bzw. wuchsen als kuppelförmige Stromatolithe (2) und trugen zur frühen Zementation bei. Altensteinriff, Pößneck.

52: Der Großtagebau Kamsdorf mit unterkarbonischen Grauwacken unter der Variszischen Diskordanz. Darüber folgen Zechsteinkonglomerat, Mutterflöz und der dm-dicke Kupferschiefer, die von mächtigen Werra Dolomiten/Kalksteinen (Z1) überlagert werden.Das Betreten des Tagebaues ist nur mit Genehmigung möglich.

50: *Die Poren im Riffkalk sind auf herausgelöste Organismenschalen zurückzuführen. Altensteinriff.*

51: *Buschförmige Kolonie der Bryozoe Fenestella retifomis (Schlotheim), die einen wesentlichen Anteil am Aufbau der Riffe hat. Naturkundemuseum Erfurt, Foto: J. Kuss.*

ben, die alle Substrate in den warmen, kalkreichen Wässern überwuchsen, also auch die lebenden und zerbrochenen Schalen der Meeresbewohner. Die Mikroben wurden nicht abgeweidet und konnten sich massenhaft ausbreiten. Zudem verkalkten sie rasch und sorgten so für eine schnelle Zementation der Meeresböden. Dadurch entstanden Hartsubstrate, die erneut besiedelt und überkrustet wurden und sich zu turmartig über dem Meeresboden aufragenden Riffstrukturen entwickelten. Zwischen Könitz, Pössneck und Neustadt a.d. Orla entstand so ein etwa 20 km langer und 2–3 km breiter Riffkomplex, zusammengesetzt aus einer Vielzahl isolierter Riffe (44). Sie erreichten bis zu 40–50 m Höhe, bei mehreren sogar 100 m und bis zu über 1 km Durchmesser. Nur wenige Jahrtausende später stieg der Meeresspiegel rasch an, bei gleichzeitiger Zunahme des Salzgehalts. Dadurch starben zunächst die Riffbildner und später auch die Mikroben ab. Stattdessen wurden nun Anhydrit-, Gips- und Tonsteine abgesetzt, die sich über die Riffstrukturen legten. Aufgrund der jüngeren Sedimentüberdeckung wanderte die gesamte Zechsteinabfolge in den folgenden Jahrmillionen mehrere Kilometer in die Tiefe. Fast 250 Millionen Jahre später wurde sie durch Heraushebung und Abtragung wieder freigelegt und mit ihnen die erstaunlich gut erhaltenen Riffe.

Die Bewohner der Zechsteinriffe

Das Emporwachsen der Zechsteinriffe wird von Schneider[25] in vier Wachstumsstadien gegliedert. Als sich das Meer aus den flachen Schelfbereichen zurückzog, hüllten Tone und Gipse die Riffe ein. Diese

53: Blick von Norden über die Orla-Senke auf Burg Ranis und Krölpa, mit dem gleichnamigen Riff im Mittelgrund. Die Ränder des flachen Riffdachs werden durch die schroff abfallenden Felsklippen (Pfeil) markiert.

Art von Konservierung setzte sich bei gleichzeitiger Absenkung über Jahrmillionen fort. Es ist von mehreren 1000 Metern Versenkung auszugehen und erst mit der Heraushebung des Thüringer Waldes wurden ab der späten Kreide verstärkt Abtragungsprozesse in Gang gesetzt, die im Gebiet um Ranis-Pößneck die Riffstrukturen herauspräparierten (42, 44, 53).

So entstand auch die markante Hügelkette zwischen Könitz und Neustadt a. d. Orla mit ihren zahlreichen Riffhügeln. Die Burg Ranis und das benachbarte Schloss Brandenstein wurden auf Riffen gebaut (45).

Im Großtagebau Kamsdorf (Besichtigung nur nach Voranmeldung möglich) ist eine Abfolge von unterkarbonischen Grauwacken der Ziegenrück-Formation bis zu den Kalksteinen der Werra-Formation im Detail aufgeschlossen. Über dezimeterdicken Zechsteinkonglomeraten an der Basis folgen fast schwarze Kalksteine des sogenannten Mutterflözes, darüber die schiefrigen Tonsteine des Kupferschie-

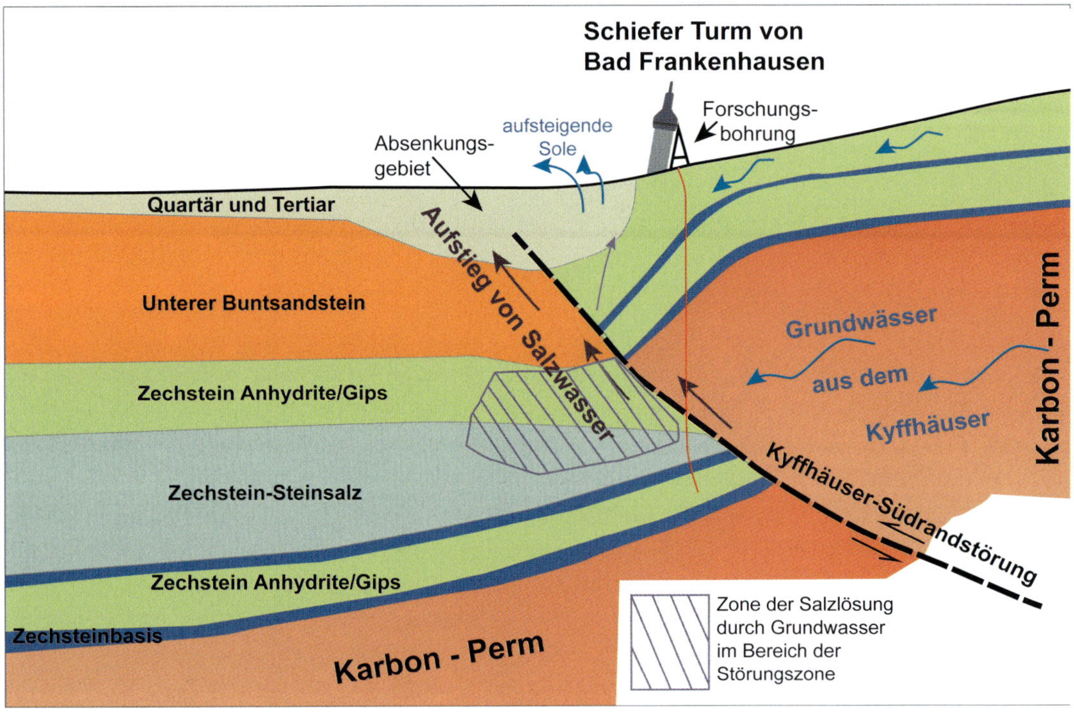

54: Die Forschungsbohrung Frankenhausen (rote Linie) sollte 2014 die Kippung des Kirchturms untersuchen. Das Untergrundbild zeigt die geologischen Zusammenhänge im Absenkungsgebiet, das durch unterirdische Salzlösung (Subrosion) der zuströmenden Grundwässer entstand. Die Solewässer steigen an der Kyffhäuser-Südrandstörung nach oben und treten artesisch aus, wie z. B. in den benachbarten Salzwiesen von Esperstedt (TLUG).

55: Blick über den Kurpark von Bad Frankenhausen mit der Oberburg und dem Hausmannsturm, die beide auf einem Zechsteinfelsen (Werradolomit) stehen. Im Vordergrund die Kyffhäuserquelle, die 1977 in 55 m Tiefe erbohrt wurde. Rechts daneben die natürlich zutage tretende Elisabeth-Quelle, die 1819 in einem Portal gefasst wurde. Beide Quellen fördern ca. 250 Tonnen Salz pro Tag, was neben der ausreichenden Versorgung für Kurzwecke auch für anhaltende Subrosion sorgt.

fers, die ihrerseits von gebankten dunklen Werrakarbonaten überlagert werden. Letztere zeigen nach oben (zum Jüngeren hin) rasch hellere Gesteinsfarben, die eine zunehmend bessere Durchlüftung am Meeresboden dokumentieren. Hier sind gelegentlich auch Fossilien bodenlebender Organismen (v.a. Brachiopoden) zu finden.

Der Erzbergbau in Kamsdorf, am Südrand der Orla-Senke, blickt auf eine Jahrhunderte alte Tradition zurück. Neben dem Kupferschiefer wurden hier gangförmige Vererzungen unter Tage abgebaut. Über das Besucherbergwerk (neben dem Großtagebau) sind nach Absprache Einfahrten in alte Bergwerksstrecken möglich. Nachdem die Buntmetallvorkommen weitgehend erschöpft waren, wurde für die vereinigten Reviere Kamsdorf zwischen 1875 und 1912 mit dem Abbau von Eisenerzen, die im benachbarten Unterwellenborn verhüttet wurden, eine neue Ära eingeläutet. Nach einer Phase des Übertageabbaus waren jedoch die Vorräte auch relativ bald erloschen. Heute werden in Kamsdorf Dolomit- und Kalksteine sowie Grauwacken gebrochen (52).

Auf Salz gebaut – Karst und Kali an Nordrand des Thüringer Beckens

Während am Südharz (Mansfelder Revier) die wirtschaftlich bedeutenden Vorkommen des Kupferschiefers bis Ende der 1980er Jahre abgebaut wurden, blieb die Suche nach dem Kupferschiefer am Kyffhäuser erfolglos. Jedoch fand man über Solequellen aus den Zechsteinsalzen Zugang zum „weißen Gold“. Die Salinen in Artern und Bad Frankenhausen werden aus tiefer liegenden Zechstein-Salinaren gespeist. Die Nutzung zur Salzgewinnung durch Sieden der Sole reicht bis in frühgeschichtliche Zeiten zurück. Am südlichen Stadtrand liegen die Salzwiesen von Esperstedt im Bereich des unterirdisch ausgelaugten Absenkungsgebiets (54). Die aufsteigenden Salzwässer sind hier u.a. durch salzliebende Pflanzen nachgewiesen.

An der Kyffhäuser-Südrandstörung wurde am Ende der Kreidezeit das verfaltete Grundgebirge des Kyffhäusers einschließlich der jüngeren Zechstein-Formationen herausgehoben. Die heute nach Süden einfallenden Schichten spiegeln sich in einer mit 10 bis 15° geneigten Geländemorphologie wider. Über lange Zeiträume laugte das von den nördlich gelegenen Gipfeln her einströmende Oberflächen- und Grundwasser den Zechstein aus (54). Neben der Bildung von Solequellen führte dies zu Karsterscheinungen wie Höhlen, Dolinen, Trockentälern und Karstquellen.

Karst und Höhlen im Zechstein am Südrand des Kyffhäusers

Heute ist der Südrand des Kyffhäusers vom dynamischen Relief einer bizarren Karstlandschaft aus Gips- und Anhydritgesteinen geprägt (58). Die landschaftliche Vielfalt umfasst grau-weiße, karge Felsgebilde, grüne Laubwälder, artenreiche Streuobstwiesen, Magerrasen und Weiden. Wenige Kilometer östlich von Bad Frankenhausen liegt die „Äbtissinnengrube“, mit über 100 m Durchmesser der größte Erdfall, der zu einer Ansammlung von mehreren Erdfällen gehört, die perlschnurartig aneinandergereiht liegen. Der Sage nach wurde hier die Äbtissin des Zisterzienserklosters Frankenhausen wegen ihres unsittlichen Lebenswandels von Gottes Strafgericht in die Tiefe gerissen. Im Jahr 2012 wurde ein Nachbruch registriert, der einen weiteren kleineren Erdfalltrichter hervorrief.

Die Barbarossa-Höhle – von Deckenlappen, Alabasteraugen und Schlangengips

Die an der Südflanke des Kyffhäuser-Gebirges gelegene Barbarossa-Höhle entstand vor ca. 300.000 Jahren durch Lösung von Anhydritgesteinen. Ihre Entdeckung stand im Zusammenhang mit der Suche nach Kupferschiefer. Im Jahr 1865 trieben Bergleute eine 178 m lange horizontale Strecke – der heutige Höhlenzugang – in den Berg und erreichten plötzlich eine der großen Kammern. Bevor der weitere Vortrieb zu einem eventuell aktiven Bergwerk geführt hätte, wurde entschieden, die Höhle für die Öffentlichkeit zugänglich zu machen – einer der seltenen Fälle, bei denen bergbauliche Interessen hinter die Erschließung eines Naturdenkmals traten. Neben ihrer Schönheit dürfte die beeindruckende Größe der Höhle mit ihren zahlreichen Seen ausschlaggebend gewesen sein. Da der Stauferkaiser Friedrich I. (genannt „Barbarossa") der Sage nach auf dem Gipfel des Kyffhäusers „thronte", interpretierte man diese Höhle als seine unterirdische Kaiserburg.

56: In fein gebänderten Anhydriten treten Lagen mit Schlangengips auf (Pfeil). Daneben sind auch die runden Alabasterkugeln zu finden (rechts unten). Weitere Erläuterungen im Text.

57: Gebänderte Anhydritgesteine der Werra-Formation in der Barbarossa-Höhle, die sich im klaren Wasser des unterirdischen Sees spiegeln. Im mittleren Bereich sind bräunliche „Deckenlappen" zu sehen, die wie Fledermäuse von der Decke hängen. Sie entstehen durch Wasseraufnahme aus der feuchten Höhlenluft. Dabei wird Anhydrit zu Gips, der sich abschält.

Höhlen in ursprünglichem Anhydritgestein sind extrem selten; zudem gibt es in der Barbarossa-Höhle bizarre „Deckenlappen", die sowohl in ihrer Größe und ihrem Aussehen einmalig sind. Sie entstehen durch Wasseraufnahme des Anhydrits durch die hohe Luftfeuchtigkeit von 98%, was zur Umwandlung in Gips führt. Da dies mit einer Volumenvergrößerung um fast 60% einhergeht, erhöht sich auch der Druck. Dadurch lösen sich zentimeterdicke Lagen ab und wachsen „lappenartig" von der Decke herab weiter. In Abhängigkeit von der Gesteinszusammensetzung, der Luftzirkulation und der Feuchtigkeit wachsen sie in hundert Jahren um ca. 3–5 cm. Werden die Lappen irgendwann zu schwer, brechen sie ab. Dann beginnt der gleiche Vorgang von neuem.

Alabaster ist als reinste Form des Gipses an vielen Stellen der Barbarossa-Höhle in Form faustgroßer, weißer Alabasteraugen zu sehen. Als das Anhydritgestein noch unverfestigt war, reicherte sich Alabaster an bestimmten Stellen an und erhärtete zu diesen Alabasterkugeln. Daneben sind auch in einigen gebänderten Lagen „Schlangengips"-Bildungen zu sehen (56). Sie entstanden, als ausgefällter Anhydrit noch als Schlamm am Meeresgrund lag. Eine Theorie nimmt an, dass einzelne Schichten durch Bewegungen rutschten und sich verfalteten (Bewegungsfalten). Andere Forscher sehen die unterschiedlichen Ausdehnungskoeffizienten der beiden Sulfatminerale Gips und Anhydrit innerhalb des Schlamms als Ursache an.

Bei einer Führung verlässt man die Barbarossa-Höhle in unmittelbarer Nähe des Erdfalls „Teufelsgrube", der bei der Höhlenbildung entstand. Das Höhlendach war in diesem Bereich besonders dünn (die Kammern liegen oft nur wenige Meter unterhalb der Erdoberfläche) und es drang stetig Wasser von allen Seiten ein.

Zechsteinsalze und die lange Bergbautradition in Thüringen

Der wichtigste Schritt zur Salzindustrie am Nordrand des Thüringer Beckens fand mit der Entdeckung der Kalisalze und der Verfahrensentwicklung für die Düngemittelherstellung statt. In der zweiten Hälfte des 19. Jahrhunderts entstanden in Mitteldeutschland in wenigen Jahren Bergwerke, die den rasch expandierenden Markt belieferten. Der Kalisalzbergbau war über viele Jahrzehnte von großer wirtschaftlicher Bedeutung. Das Werrasteinsalz (Z1) erreicht zwischen Mühlhausen und Erfurt Mächtigkeiten von über 200 m, das Staßfurt-Steinsalz (Z2) zwischen Sömmerda und Sondershausen bis zu 80 m. Während im südthüringischen Werra-Fulda-Revier die beiden Flöze Thüringen und Hessen der Werra-Formation (Z1) heute noch abgebaut werden, wurde am Nordrand des Thüringer Beckens (Südharz-Kalirevier) der Abbau des Kalisalzflözes Staßfurt (Z2) anfangs der 1990er Jahre eingestellt. Von Bischofferode im Nordwesten (2) erfolgte über Volkenroda bis nach Günthershall/Göllingen der Abbau des Staßfurt-Kaliflözes. Obwohl noch ausreichend Vorräte an Hartsalz und Carnallit vorhanden sind, ist ihre Gewinnung derzeit unrentabel. Einzig das Kaliwerk „Glückauf" in Sondershausen wird noch als Erlebnisbergwerk, zur Steinsalzförderung (Auftausalz) und zur Einlagerung industrieller Reststoffe betrieben. Auch im östlich anschließenden „Unstrut-Revier" markierte die Schließung der Schächte des Kalibergbaubetriebs Roßleben das Ende einer Jahrhunderte alten Bergbautradition.

Aktuell wird Kalisalz bei Kehmstedt/Bleicherode aus dem Flöz Staßfurt im Solungsbergbau gewonnen. Der über Doppelsonden im Heißlöseverfahren gelöste Carnallit wird überwiegend zu Bischoffit für die chemische Industrie verarbeitet. Die verbleibenden Kavernen werden mit bergbaueigenen Abfällen aus der Aufbereitung (Gips und Steinsalz) verfüllt. Seit 2015 prospektiert die Südharz Kali GmbH die Kalisalzvorkommen am Nordwestrand des Thüringer Beckens. Möglicherweise erlebt die Region Ohmgebirge, Ebeleben und Mühlhausen-Nohra in naher Zukunft eine Renaissance des Kalibergbaus.

Für die Steinsalzgewinnung im Thüringer Becken wurden neben den Zechstein-Salinaren auch lokale Salzvorkommen im Oberen Buntsandstein und Mittleren Muschelkalk abgebaut, meist im Soleverfahren (Bohrung, Auslaugung, Solegewinnung und Eindampfung), untergeordnet auch bergmännisch. In Erfurt wurden im nördlichen Stadtteil Ilversgehofen 24 m mächtige Steinsalzlager des Mittleren Muschelkalks in 345 m Tiefe bis 1916 gewonnen. Noch heute sind an der Straße „Hinter der Saline" Gebäude des ehemaligen „königlichen Salzbergwerkes zu Erfurt" zu sehen. In der ca. 14 km westlich gelegenen Gemeinde Bufleben wurden in der Saline „Ernsthall" bereits 1826 salzhaltige Wässer des Mittleren Muschelkalks erbohrt.

Zusammenfassung: *Die Ablagerungen des Zechsteins prägen ein typisches Landschaftsbild in der Umrandung des Thüringer Beckens. In der Orla-Senke, Region 3 (1), modellierten die oberflächlich anstehenden Zechsteinablagerungen ein unruhiges Relief mit Senken und Erdfalltrichtern bzw. mit schroffen Kuppen und bizarren Felsen, die an Bryozoenriffe gebunden sind. An den westlichen Rändern des Thüringer Beckens sind gelegentlich Auswirkungen salztektonischer Bewegungen oberflächlich sichtbar. Besonders*

58: Blick über Rottleben auf die Karstlandschaft an der Südabdachung des Kyffhäuser-Gebirges. Die offenen Gipsfelsen des Werra-Anhydrits treten landschaftsprägend hervor. Die Gipfelflur lässt das Kyffhäuser-Denkmal (neben dem Fernsehturm) erkennen.

59: Karst wie man ihn kennt – hier an einem frischen Anschnitt im Steinbruch Rottleberode. Metertief reichen die mit roten Feinsanden und Tonen verfüllten Karstschlotten in teilweise zersetztes Anhydritgestein der Staßfurt-Formation.

deutlich treten diese an großen Störungszonen (z.B. Finne) in Erscheinung. An den Südhängen des Kyffhäusers prägen Anhydrite und verkarstete Gipshänge das Landschaftsbild; zudem sind hier auch zahlreiche Erdfälle und Höhlen anzutreffen.

Die Perm-Trias-Grenze und das größte Massenaussterben in der Erdgeschichte

Im Thüringer Becken sind die obersten Zechsteinfolgen unvollständig überliefert. Zu viele Lücken verhindern, dass die Grenze Perm-Trias exakt ermittelt werden kann. Neben dem Fehlen geeigneter Leitfossilien in den „oberen Zechsteinletten" sind die Grenzschichten zudem nur selten aufgeschlossen. Der beste und vermutlich einzige Aufschluss ist an einer ehemaligen Steinbruchkante bei Caaschwitz aus der Ferne zu sehen (60). Das eingezäunte Areal kann aus Sicherheitsgründen nur mit Sondergenehmigung betreten werden.

Am Ende der Permzeit, vor 252 Millionen Jahren, ereignete sich das weltweit größte Massenaussterben in der Erdgeschichte[24]. Als Ursache wird eine Serie gigantischer Vulkanausbrüche in Sibirien angenommen. Sie schleuderten über geologisch kurze Zeiträume (wenige Jahrtausende) gewaltige Mengen giftiger Gase in die Atmosphäre. Diese waren mit CO_2, SO_2, Halogenen und Metallen angereichert, was zum Zusammenbruch nahezu aller Ökosysteme führte. Globale Erwärmung, saurer Regen, Versauerung der Ozeane und Ozonabbau trugen am Ende zu der beispiellosen Bilanz bei. Nachdem die paläozoischen Korallen und Trilobiten, viele Bryozoen, Brachiopoden, Crinoiden und Ammonoideen ausgelöscht wurden, bestanden die Meere und Landoberflächen aus nahezu leblosen Wüsten; einzig die Schnecken und Muscheln waren weniger betroffen. Etwa 70 Prozent der Landwirbeltier-Familien und 96 Prozent aller marinen Arten starben aus.

Umstritten ist, welche einzelnen Faktoren den Großteil des Lebens von der Erde tilgten und wie lange das Ganze dauerte. Aus der Vielzahl konkurrierender Erklärungen und Befunde ist zu folgern, dass es sich um eine komplexe Abfolge mehrerer Ereignisse gehandelt haben dürfte[24]. Neue Daten aus Südafrika zeigen, dass die Kontinente deutlich früher und durch andere Faktoren entvölkert wurden als die Meere. Als Ursache wird diskutiert, dass vulkanische Gase bereits sehr früh die Ozonschicht zerstörten, wodurch die Pflanzenwelt dezimiert bzw. die Nahrungsketten an Land vernichtet wurden. Da Wasser keine UV-Strahlung durchlässt, kippten die Meere in Folge der Ozeanversauerung erst später um. Bei den klimatischen Veränderungen ist von einer raschen globalen Abkühlung um mehrere Grad auszugehen, hervorgerufen durch riesige Mengen an schwefelsäurehaltigen atmosphärischen Aerosolen. Danach kam es zu einer starken und langanhaltenden Erwärmung. Die Befunde und Erklärungen für das Massenaussterben schließen auch eine Destabili-

sierung der Methanhydrat-Lagen an den Kontinentalschelfen, die Ausbreitung anoxischer Zonen am Meeresboden und starke Änderungen des pH-Wertes im Meerwasser mit ein. Der genaue Ablauf des Ereignisses ist noch nicht näher geklärt und die Frage „Was löschte am Ende des Perms fast das gesamte Leben auf dem Planeten aus" kann noch nicht befriedigend beantwortet werden.

Unterschiedliche Begrifflichkeiten zur Trias

Der Begriff Trias wird seit vielen Generationen sowohl für ein Alter (chronostratigraphisch), als auch für Gesteine (lithologisch) verwendet. Somit ist bei der Verwendung des Begriffs „Trias" die genaue Zuordnung gefragt: lithologisch entspricht z.B. die Jena-Formation dem Unteren Muschelkalk – zeitlich reicht die Jena-Formation vom jüngeren Olenekium bis in das mittlere Anisium (6).

Nach der internationalen stratigraphischen Terminologie wird die Trias als erdgeschichtliche Periode heute in sieben Stufen (Indusium – Olenekium – Anisium – Ladinium – Karnium – Norium – Rhaetium) unterteilt. Die Stufengrenzen wurden an Gesteinen in Nordamerika, Italien und China definiert, wo nahezu lückenlose marine Abfolgen gewährleistet sind und die darin vorkommenden Leitfossilien weiter verbreitet sind. Das historische „Mutterland" der Trias geriet bei der Suche nach exakten Trias-Zeitgrenzen völlig ins Hintertreffen, da globale Leitfossilien die Randmeere, wie z.B. im Muschelkalk, nicht erreichten. Deswegen kann die „Germanische Trias" mit ihrer klassischen Dreiteilung in Buntsandstein, Muschelkalk und Keuper nicht als internationale Referenz verwendet werden. Die drei Einheiten der Germanischen Trias werden heute als lithostratigraphische Gruppen (charakteristische Gesteinseinheiten) benutzt, die sich ihrerseits aus zahlreichen lithologisch definierten Formationen zusammensetzen[18,25]. Als älteste erdgeschichtliche Periode des Mesozoikums umfasst die Trias einen Zeitabschnitt von ca. 51 Millionen Jahren (von 252,5–201,5 Millionen Jahren).

Die Buntsandstein-Gruppe wird in sieben Formationen unterteilt, die aus bunten Sand-, Silt- und Tonsteinen bestehen[18]. Die Gesteine der Buntsandstein-Gruppe entstanden überwiegend in kontinentalen Bereichen des Germanischen Beckens. Fossilien sind in diesen Abfolgen seltener anzutreffen, da sich die Lebewelt nach der Perm-Trias-Katastrophe nur langsam erholte.

Graue Kalksteine, Mergel und Evaporite sind in der Muschelkalk-Gruppe anzutreffen, die ebenfalls in sieben Formationen unterteilt wird. Im Unteren und Oberen Muschelkalk sind artenarme marine Faunen einer weitgehend endemischen Lebewelt zu finden. Dies hängt mit der Randlage des Germanischen Beckens zusammen, das von den Weltmeeren überwiegend abgeschnitten war. Über zwei schmale Pforten bestanden kurzzeitig Verbindungen zum Tethys-Ozean (Burgundische und Schlesische Pforte), jedoch gelangten nur wenige Meeresbewohner ins zentrale Muschelkalk-Becken, was auf erhöhte Salzgehalte und Temperaturen zurückgeführt wird.

Die Keuper-Gruppe wird in sechs Formationen untergliedert; sie umfassen überwiegend festländische Sedimente mit feinkörnigen, bunten Sandsteinen, grau-roten Silt-/Tonsteinen und Evaporiten. Die Abfolgen wurden in ausgedehnten Flussebenen mit Seen und riesigen Überschwemmungsebenen abgelagert. Untergeordnet sind im Keuper auch randmarin-lagunäre Bedingungen nachgewiesen.

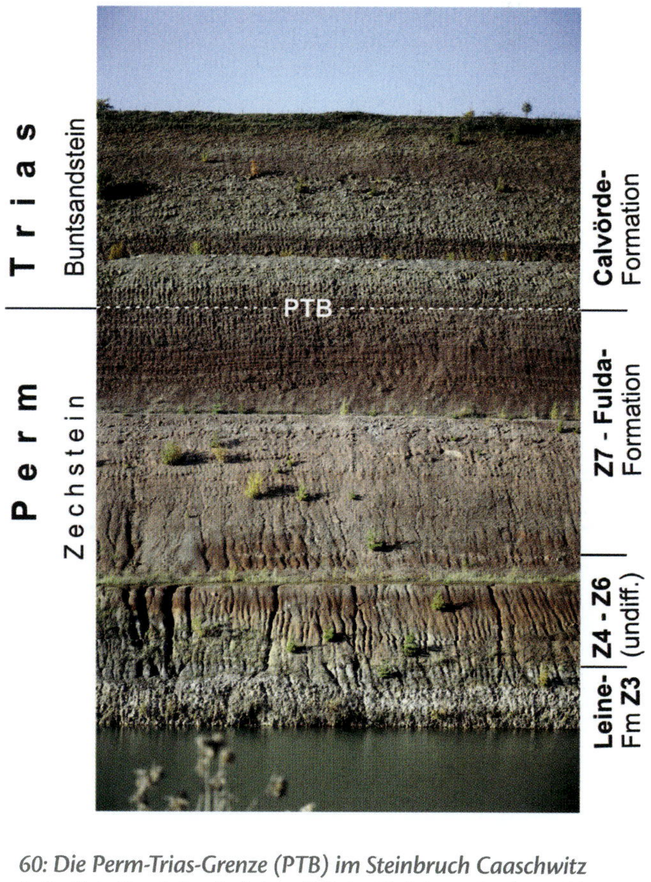

60: Die Perm-Trias-Grenze (PTB) im Steinbruch Caaschwitz (nördlich Gera), im östlichen Teil des Thüringer Beckens. Die Grenze markiert das größte Massenaussterben der Erdgeschichte; bis zu 96% aller im Meer lebenden Arten und der Großteil aller terrestrischen Lebewesen wurde vernichtet. Auch aus der Ferne ist innerhalb der bunten Ablagerungen der Übergang von den permischen (unten) zu den triassischen (oben) Sand- und Siltsteinen gut zu sehen. Die ca. 20 m hohe Aufschlusswand ist unzugänglich und kann nur aus der Ferne betrachtet werden.

Die Buntsandstein-Gruppe

Die Gesteine der Buntsandstein-Gruppe umranden das gesamte Oval des Thüringer Beckens großflächig und sind besonders gut in Anrissen und Steinbrüchen entlang von Saale und Unstrut sowie am Ostrand des Eichfelds zu sehen (1, 4).

Die Gliederung in sieben Formationen[18] ist am Nordrand des Thüringer Beckens mit Hilfe charakteristischer Leithorizonte im Mittleren Buntsandstein gut durchführbar: Basissandsteine der Detfurth- und der Hardegsen-Formation, *Avicula*-Schichten am Top der Volpriehausen-Formation (69) und der Chirotherien-Sandstein am Top der Solling-Formation (71, 74). Nach Süden bzw. Südosten wird es jedoch schwieriger, da einige Leithorizonte „verblassen", bedingt durch die Zunahme der Sand- und Geröllanteile, die auf eine Zunahme fluviatiler, lokal limnischer bzw. äolischer Anteile zurückzuführen sind. Trotzdem wird die Buntsandstein Gruppe der sogenannten Randfazies auch weiter südlich in sieben Großzyklen bzw. Formationen gegliedert, die jeweils mehrere Zehnermeter mächtig sind[22]. Wichtigstes Merkmal eines jeden Zyklus ist eine Korngrößenabnahme von unten nach oben, d.h. grobe Sandsteine an der Basis („Basissandsteine") gehen allmählich in feine Sand- bzw. Siltsteine am Top eines Großzyklus über. Dabei ist allerdings zu beachten, dass die Großzyklen intern wiederum aus metermächtigen Kleinzyklen aufgebaut sind. Diese weisen ebenfalls eine vertikale Kornverfeinerung (Gradierung) auf und können die generelle Korngrößenabnahme innerhalb eines Großzyklus mitunter überlagern (70, 72) und die Detailgliederung enorm erschweren.

Im Folgenden lernen wir charakteristische Abschnitte der Buntsandsteinabfolge entlang des unteren Saaletales und an der Unstrut kennen, die gut zugänglich sind und wesentliche Merkmale der wechselvollen Sand-, Silt- und Tonsteine vermitteln. Zwischen Saalfeld und Jena ist eine der schönsten Regionen zur Erkundung der Buntsandstein-Randfazies angeschnitten. Mitunter zeichnen Schichtstufen entlang dieser Nord-Südroute die Formationsgrenzen morphologisch nach (61).

Am nördlichen Stadtrand von Saalfeld liegen über dem Zechstein die überwiegend hellbeigen Sandsteine der Calvörde- und Bernburg-Formation (Unterer Buntsandstein), die das Landschaftsbild bis Rudolstadt prägen (62). Wenige Kilometer nördlich bauen zwischen Orlamünde und Rothenstein die zum Mittleren Buntsandstein gehörenden Formationen (Volpriehausen-, Detfurth-, Hardegsen- und Solling-Formation) darüber auf (70). Auf der weiteren Strecke bis Jena folgen wechselnd graubeige bis rote Gesteine der Röt-Formation (Oberer Buntsandstein), die u.a. auch an den unteren Saalehängen im Zentrum der Universitätsstadt angeschnitten sind (75).

Saalfeld liegt in einem Talkessel an der Grenze zwischen dem Thüringischen Schiefergebirge im Süden (1) und dem sich nach Norden öffnenden Thüringer Becken. Zudem mündet hier von Osten die Orla-Senke ein. Den wohl besten Überblick erhält man vom Aussichtsturm am Kulmberg (61).

Der Untere Buntsandstein

Zur Ablagerungszeit des Buntsandsteins lag Thüringen weiter südlich, etwa auf der heutigen Breite von Nordafrika. Unter ariden Klimabedingungen wurden in ausgedehnten Wüsten vorwiegend Sande abgesetzt. Durch monsunale Starkregenereignisse kam zeitweise Abtragungsschutt aus den umliegenden Hochgebieten an und wurde in Schuttfächern aus schlamm- und sandreichen Konglomeraten verteilt. Während trockener Phasen bliesen Winde und Stürme gewaltige Mengen an Staub, Schluff und Sand aus und verteilten die äolische Fracht über hunderte Kilometer Entfernung in den mitteleuropäischen Wüstengebieten (weitere Details siehe FOSSILIEN 39, S. 40–48).

Am Nordrand von Saalfeld wurde bei Remschütz der Untere Buntsandstein abgebaut (62). Weitere aktive Steinbrüche liegen nur wenige Kilometer östlich bei Positz im Orlatal. Die hellen, geröllführenden Sandsteine weisen aus der Nähe betrachtet eine weiche, bröselige Konsistenz auf, die man eher bei quartären Sanden erwarten würde als bei 250 Millionen Jahre alten Sandsteinen. Die Untersache dafür liegt in der speziellen Diagenese der Sandsteine. Kurz nach der Ablagerung verbanden kalzitische Zemente die einzelnen Sandkörner. Dadurch entstand ein „Kalksandstein", der über viele Jahrmillionen auch im tieferen Untergrund kaum Veränderungen erfuhr. Erst im Laufe der jüngsten Heraushebungen, vor einigen 100.000 Jahren, gelangten die kalkig gebundenen Sandsteine in den Bereich von Grundwässern. Dabei wurden die Zemente selektiv gelöst und die Sandkörner verloren ihren Zusammenhalt. Die heutigen gering verfestigten („mürben") Sandsteine sind nahezu im gleichen Zustand wie zur Zeit ihrer Entstehung.

61: Blick vom Kulmberg auf Schwarza und das Saaletal. Die Steilhänge des Mittleren Buntsandstein (sm) werden von Ton- und Sandsteinen des Röt (so) überlagert. Darüber folgen harte Kalksteine des Unteren Muschelkalks (mu) und bilden eine bewaldete Schichtstufe.

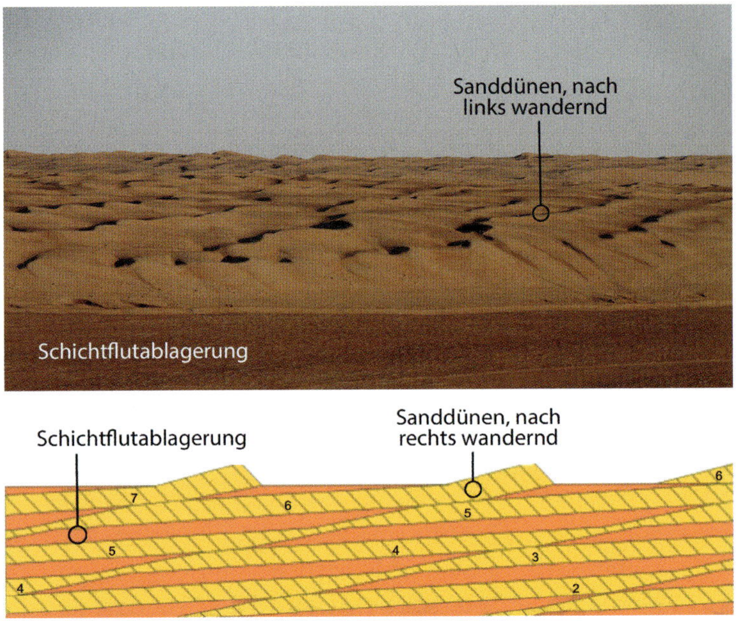

62: Der ca. 8 m hohe Anschnitt der Calvörde-Formation (Unterer Buntsandstein) im aufgelassenen Steinbruch Remschütz bei Saalfeld zeigt an der Basis weiche Sandsteine mit Schrägschichtung (A), darüber folgen geröllführende Sandsteine und rotgelbe Ton-/Siltsteine (B) und anschließend erneut weiße Sandsteine mit Schrägschichtung (C). A und C entstanden im Bereich äolischer Dünen, B in limnisch-fluviatilen Bereichen. Die Entstehungsprozesse sind in Abbildung 63 dargestellt.

63: Die Sanddünen der Wahiba Sands im Oman sind mit denen im Unteren Buntsandstein vergleichbar. Die flachen Luvhänge zeigen eine vorherrschende Windrichtung von rechts. Die Wadisedimente im Vordergrund entstanden durch episodische Schichtfluten (CC-BY-SA-4.0). Im Modell darunter sind Sanddünen: gelb und Schichtflutablagerungen: orange dargestellt. Verändert nach Rodigruez-Lopez[31].

Im aufgelassenen Steinbruch bei Remschütz sind die Wechselfolgen aus beigen Sandsteinen und rötlichen, geröllführenden Sandsteinlagen des Unteren Buntsandsteins sehr schön erschlossen. Vor dem Betreten des umzäunten Bereichs ist aber unbedingt eine Erlaubnis einzuholen! Der interne Aufbau der weißen, kaolinführenden Sandsteine der Calvörde-Formation lässt im Detail steile Schrägschichtung erkennen (62), mit Einfallswinkeln meist >35°. Betrachtet man die massiven, weißen Sande unter der Lupe, fallen die sehr gut gerundeten und sortierten Quarzkörner mit glänzenden Oberflächen auf. Da diese Merkmale heute nur aus Dünensanden in Wüstengebieten bekannt sind (63), müssen die weißen Sande des Unteren Buntsandsteins unter äolischen Bedingungen entstanden sein. Anders hingegen die rötlichen, geröllführenden Zwischenlagen (63B). Diese spiegeln Schuttströme wider, die als Schichtflutablagerungen während episodischer Feuchtphasen angeschwemmt wurden.

Wie entsteht Schrägschichtung?

Schrägschichtung wird in Sandsteinen sehr häufig beobachtet und kann sowohl durch Wind, als auch durch strömendes Wasser hervorgerufen werden. In

beiden Fällen werden Sedimentpartikel (z.B. Quarzkörner) aufgewirbelt und auf der Leeseite von Dünen (äolisch), bzw. Sandbänken oder Rippeln (aquatisch) wieder abgesetzt. Die räumliche Lage der Schrägschichtung ermöglicht es, die Richtung der verursachenden Winde bzw. Strömungen zu rekonstruieren. Im Detail sind jedoch Fehlerquellen zu berücksichtigen. Starke Winde bzw. Strömungen können in den Untergrund einschneiden (erodieren) und dadurch Schrägschichtungsstrukturen kappen. Wechseln die Strömungsrichtungen häufig, führt dies zu einer räumlichen Verlagerung der Schrägschichtung. Zudem können sehr flache Schrägschichtungen vorliegen, die oft kaum von normalen Schicht- oder Bankfugen unterscheidbar sind.

64: Die Klosterruine Memleben, gebaut aus Mittlerem Buntsandstein der an den Steinklöben (65) gebrochen wurde.

Die Bernburg-Formation des Unteren Buntsandsteins ist auch im nördlichen Thüringer Becken an der Unstrut zwischen Nebra und Wiehe anzutreffen – diese Region liegt ca. 70 km nördlich der gleichalten Aufschlüsse im Saaletal. Äolisch gebildete Dünensande sind hier seltener anzutreffen, es überwiegen fluviatil entstandene Sandsteine. Östlich Memleben durchschneidet die Unstrut an einem engen Durchbruch („Trias-Tor") die mächtigen, harten Formationen des Unteren und Mittleren Buntsandsteins (64). An den Steinklöben (65) und zahlreichen weiteren Steinbrüchen zwischen Klein-Wangen und Nebra wurden vorwiegend dickbankige Lagen vorwiegend im Mittleren Buntsandstein über Jahrhunderte abgebaut. Bereits im frühen Mittelalter gewann man daraus u.a. die Bausteine für die Kaiserpfalz von Memleben. In Klein-Wangen befindet sich das Museum Arche Nebra zur

65: Blick auf die Steinklöbe am Nordhang der Unstrut mit horizontal geschichteten Sandsteinen der ehemaligen Steinbrüche im Mittleren Buntsandstein, die für den Bau der benachbarten Kaiserpfalz und des Klosters Memleben verwendet wurden. Das Tal ist hier am „Trias-Tor" stark verengt, da der Fluss die mächtigen Sandsteine durchschneiden musste. Oberhalb der Steinklöbe liegt der Fundort der berühmten Himmelsscheibe von Nebra.

66: Für das barocke Eingangsportal zum Schloss Wiehe wurden Sandsteine der Bernburg-Formation (Unterer Buntsandstein) verwendet. Durch die Verwitterung entstanden kontrastreiche Zebramuster. Sie zeichnen Schrägschichtungstexturen nach, die auch in zahlreichen Mauersteinen am Schloss mit auffallenden zopfartigen Mustern zu sehen sind. In Abbildung 67 sind vergleichbare Texturen im Steinbruch anstehend zu sehen.

67: Die Grenze zwischen Unterem und Mittlerem Buntsandstein liegt an der Basis der Volpriehausen-Formation (Vp.). Die weißen Sandsteine zwischen den gestrichelten Linien zeigen entgegengesetzt einfallende Schrägschichtungen, typisch für ufernahe Seesedimente. Der Steinbruch Klein-Wangen liegt am westlichen Ortsausgang, am Südufer der Unstrut.

Geschichte der Himmelsscheibe von Nebra. Von hier aus erreicht man das frei zugängliche Gelände auf dem Mittelberg, dem Fundort dieser weltbekannten, 3.600 Jahre alten Bronzescheibe, direkt oberhalb der Steinklöbe (65).

Im alten Steinbruch Klein-Wangen ist die Grenze zwischen Unterem und Mittlerem Buntsandstein erschlossen (67): helle dolomitische Sandsteine vertreten hier die oberste Bernburg-Formation, die mit scharfer Grenze von dunklen, massigen Sandsteinen der Volpriehausen-Formation (Mittlerer Buntsandstein) überlagert wird. In den hellen Steinen treten markante Schrägschichtungsblätter hervor. Im Detail sind zudem zahllose millimetergroße, runde Poren zu erkennen. Sie stammen von herausgelösten Kalkooiden, die ursprünglich am Ufer eines flachen Sees zusammengeschwemmt worden waren. Später wurden sie erosiv gekappt und von konglomeratischen Sandsteinen der Volpriehausen-Formation überlagert, die in Flussrinnen bzw. Binnendeltas abgesetzt wurden.

Weiter westlich, in Richtung Artern, wurde der Untere Buntsandstein in einigen kleineren Steinbrüchen am Nordabhang der Finne abgebaut, wie z.B. in Gambach. Man trifft ihn in zahlreichen Bauwerken der Umgebung an, wie beispielsweise im nahegelegenen Wiehe (66).

Der Mittlere Buntsandstein

Im Nordwesten (Eichsfeld) ist die Gliederung des Mittleren Buntsandsteins durch eine Diskordanz komplizierter. Vor der Ablagerung der Solling-Formation fand bedingt durch Heraushebung der Eichsfeld-Altmark-Schwelle eine tiefgreifende Abtragung der älteren Hardegsen- und Detfurth-Formationen statt, was dazu führte, dass der Solling-Sandstein hier über einer Schichtlücke der Volpriehausen-Formation auflagert (H- und D- Diskordanz). Die H-Diskordanz (zwischen Solling- und Hardegsen-Formation) ist auch bei Jena durch flächenhafte Abtragung und Erosion in das Unterlager nachgewiesen[30]. Weiter südlich, im unteren Saaletal, sind sowohl D- (zwischen Hardegsen- und Detfurth-Formation) als auch H-Diskordanz kaum noch belegbar. In Orlamünde-Naschhausen befinden sich mehrere Felsenkeller, die in rotem Unterem Buntsandstein angelegt sind. In einem nördlich abzweigenden Hohlweg ist die Grenze zum Mittleren Buntsandstein mit dem mächtigen Basissandstein der Volpriehausen-Formation zu sehen. Oberhalb ist an der Straßenböschung zur Altstadt eine bunte Wechselfolge lakustriner Ton-

und Siltsteine mit zahlreichen dezimeterdicken Feinsandbänken der Volpriehausen-Formation aufgeschlossen (68). Die rötlichen Feinsande des unteren Abschnitts sind als Binnendeltafächer zu interpretieren. In den hellen Lagen darüber wechseln lakustrine Pelite mit äolischen Sanden, die Feldspäte und deren toniges Verwitterungsprodukt Kaolin führen. Zum Top nehmen die fluviatilen Anteile wieder zu, was sich sowohl im farblichen Wechsel als auch in der zunehmenden Korngröße der Sandsteine widerspiegelt. Die 4 m mächtige Abfolge repräsentiert einen raschen Wechsel zwischen See-, Dünen- und Flusslandschaften. Zugleich steht sie auch für die zyklischen Wechsellagerungen von sand- und tonreichen Einheiten mit ausgeprägten Farbwechseln (Rotweiße Wechselfolge) der Volpriehausen-Formation im gesamten Thüringer Becken.

Die Zyklizität von Ablagerungen sandiger Deltaebenen und sandig-toniger Seesedimente spiegeln regelmäßige Wechsel von feuchten und trockenen Klimaphasen wider[32]. Folgt man dem Saaletal weiter nach Norden, sind an den beidseitigen Talhängen die jüngeren Formationen des Mittleren Buntsandsteins angeschnitten. Porensandsteine in der Umgebung von Kahla entstanden durch herausgelöste Ooide und dokumentieren einen sandreichen, lakustrinen Hochstand der oberen Volpriehausen-Formation. Diese Ausbildung ist auch flussabwärts am östlichen Saaleufer bei Kleinpürschnitz in mehreren Anschnitten zu sehen (69). Wenige Zentimeter dicke, feinkörnige Sandsteine wechsellagern dort mit Ton-/Siltsteinen und lassen engmaschig verschnittene Rinnen und flache Schrägschichtungsblätter erkennen. An einigen Bankunterseiten sind die Ausfüllungen von Trockenrissen feststellbar, während auf Bankoberseiten Wellenrippeln vorkommen. Das gesamte sedimentologische Inventar (mit Muscheln der Gattung *Avicula*) ist typisch für flache Seen im Übergang zu distalen Flussdeltas.

Nur wenige Kilometer weiter nördlich stehen am westlichen Prallhang der Saale, dem Rothensteiner Felsen, mehrere Zehnermeter mächtige Basissandsteine der Detfurth-Formation an (70). Sie führen grobe Geröllhorizonte, die ausgedehnte Flusssysteme belegen und die weit über das Thüringer Becken hinaus nach Norden zu verfolgen sind[32]. Über grobkörnigen Basissandsteinen folgt erneut eine feinkörnig-tonreiche Wechselfolge, die früher als „Steinleins Wechselschichten" bezeichnet wurde. Sie sind vom Trompeterfelsen bei Rothenstein bis zur Sandgrube Altendorf anzutreffen (71).

68: Wechsellagerung von Ton-, Silt- und Sandsteinen der Volpriehausen-Formation in Orlamünde, an der Straße vom unteren zum oberen Ortsteil.

69: Wechsellagerung von feinkörnigen Sandsteinen und Silt-/Tonsteinen der oberen Volpriehausen-Formation (Avicula-Schichten). Zwischen den dezimeterdicken Sandsteinbänken (fluviodeltaisch) liegen „flasergeschichtete" Ton- und Feinsande, letztere in hellen Rinnen angeschnitten. In der Sandsteinbank 4 sind herausgewitterte Muschelsteinkerne zu erkennen (Pfeil). Anschnitt am Ortsausgang von Kleinpürschnitz.

Die weitere Abfolge im Mittleren Buntsandstein ist durch dunkelrote Farben der Hardegsen-Formation gekennzeichnet. Über erosiver Basis folgen konglomeratische Sandsteine mit großdimensionaler Schrägschichtung, die in 1–1,5 m mächtigen Rinnen übereinandergestapelt sind. Sie spiegeln den Wechsel von fluviatil dominierten Sandsteinen zu Sandebenen wider und werden als breite Zopfströme (braided river) interpretiert, die nach Norden entwässerten.

70: Die Detfurth Formation am Rothensteiner Felsen mit Wechsellagerungen von Sandsteinen und tonreichen Lagen. Direkt unterhalb des ca. 40 m hohen Steilhangs verläuft die Bundesstraße (verdeckt hinter der Bahnlinie), die jüngst in ein Tunnelbauwerk durch den Felsen versetzt wurde. Nur wenige 100 m weiter rechts (nördlich) sind am Trompeterfelsen die oberen Wechsellagen der Detfurth-Formation zu sehen.

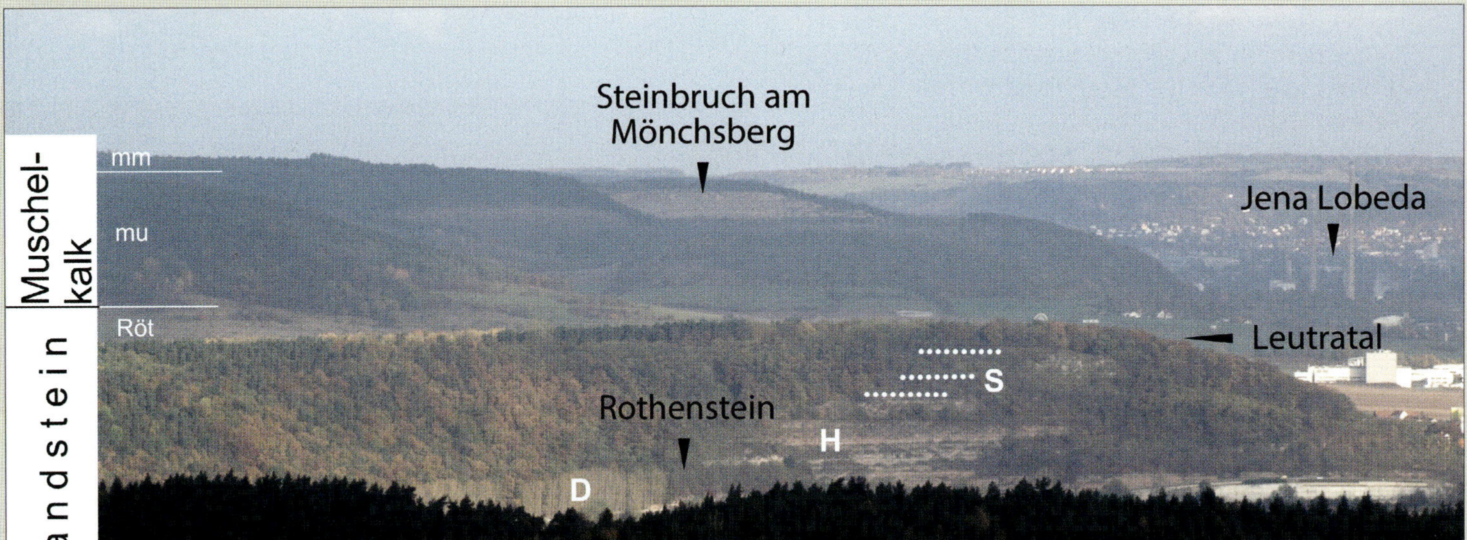

71: Von der Leuchtenburg blickt man Richtung Jena auf Bergrücken, die vom Mittleren Buntsandstein bis in den Mittleren Muschelkalk reichen. Bei Rothenstein folgen über der Dethfurt-Formation (D) Sandsteine der Hardegsen-Formation (H) und der zweigeteilten Solling-Formation (S). Im querverlaufenden Leutratal dahinter wurden die weichen Lithologien des Röts ausgeräumt; die Grenze zur Jena-Formation (mu) verläuft im bewaldeten Anstieg. Die Basis der Karlstadt-Formation (Mittlerer Muschelkalk, mm) wird durch eine markante Plateaufläche markiert.

72: In Schönburg schlängelt sich die Straße durch rote Sandsteine der Hardegsen-Formation und vermittelt hervorragende Einblicke in den internen Aufbau: fünf meterdicke Sandsteinpakete (1–5) wurden von Flusssystemen abgesetzt. Die dazwischen liegenden feinkörnigen Tonpakete dokumentieren Seeablagerungen. Diese Muster sind auch an der linken Wand erkennbar.

73: Blick von Schönburg nach Südwesten mit dem Naumburger Dom (linker Pfeil) und der breiten Talaue, die von der Saale (Vordergrund) und der Unstrut im Pleistozän über weichen Röt-Tonen ausgeräumt wurde. Der rechte Pfeil zeigt auf widerstandsfähige Sandsteine der oberen Hardegsen- bis Solling-Formation bei Kleinjena. Dahinter schlängelt sich das Unstruttal mit Steilhängen durch die Kalksteine der Jena-Formation.

30 km weiter nördlich liegt der beschauliche Ort Schönburg inmitten roter Sandsteine der oberen Hardegsen-Formation, die am Prallhang der Saale angeschnitten sind. Im Detail wechsellagern schräggeschichtete rote Sandsteinpakete mit ockerfarbenen Feinsand-Tonsteinlagen (72). Diese Abfolgen entstanden im Wechsel zwischen flussdominierten Abschnitten und Stillwasserphasen (Seen und Überflutungsebenen). Von der Schönburg aus bietet sich ein herrliches Panorama auf die Domstadt Naumburg und die Auenlandschaft der Saale nach ihrem Zusammenfluss mit der Unstrut (73).

Nur wenige Kilometer westlich von Schönburg schneidet die Unstrut bei Kleinjena Solling-Sandsteine an schroffen Steilwänden unterhalb der Weinberge am Blütengrund an. Anfang des 18. Jahrhunderts ließ der Hofjuwelier Christian Steinauer aus Naumburg zu Ehren seines Herzogs zahlreiche Flachskulpturen in die glatten Sandsteinwände meißeln. Bei den meisten Motiven alttestamentarischer Szenen spielt der Wein eine wichtige Rolle (74). Über die Jahrhunderte setzte die Verwitterung diesem „Steinernen Bilderbuch" stark zu, was auch an der Petrographie der Sandsteine liegt: die Quarzkörner sind kalzitisch bzw. sulfatisch gebunden. Feuchtigkeit löst die Zemente in mikroskopisch kleinen Bereichen auf (sichtbar u.a. in Gipsausblühungen). Dies begünstigt wiederum den Bewuchs (u.a. von Flechten), was im Laufe der Jahre zum Vergrusen der Gesteinsoberflächen und zur allmählichen Auflösung der feinen Ornamente führte. Zum Glück konnten in den 1990er Jahren zahlreiche Skulpturen durch aufwändige Sanierungsarbeiten gerettet werden. Seitdem werden alle Veränderungen der beeindruckenden Bildszenen genau beobachtet und gegebenenfalls behandelt.

Oft ist es ist schwierig, die Sandsteine der Hardegsen-Formation von den überlagernden Sandsteinen der Solling-Formation abzugrenzen, da beide unter ähnlichen Bedingungen entstanden. Nur wenige

74: Das „Steinerne Bilderbuch" am Blütengrund bei Großjena/Unstrut zeigt biblische Szenen im Kontext mit Weinbau, die um 1720 als Flachreliefs über mehr als 150 m Länge in Sandsteine der Solling-Formation gemeißelt wurden. Unterhalb der gemauerten Terrassenhänge sieht man zwei Motive: links „Lots Berauschung und brennendes Sodom" und rechts „Christus in der Kelter".

Meter über der Solling-Basis folgen dickbankige, fluviatile Rinnensande, die jahrhundertelang unter dem Namen „Nebraer Sandstein“ bzw. (thüringischer) Chirotherien-Sandstein abgebaut wurden, sowohl in Steinbrüchen um Jena als auch zwischen Nebra und Klein-Wangen (Unstrut). Über die Saale und Unstrut wurden diese Sandsteine in die nähere und ferne Umgebung transportiert, wo sie in zahlreichen historischen Bauwerken wiederzufinden sind (u.a. am Berliner Reichstagsgebäude). Diese jüngsten Sandsteine des Mittleren Buntsandsteins zeigen neben großdimensionaler Schrägschichtung aufgearbeitete Tonschmitzen und karbonatische Zemente. Alle sedimentologischen Merkmale weisen auf fluvio-deltaische bzw. randmarine Ablagerungsbedingungen hin. Bekannt sind die oberen Solling-Sandsteine auch für die namensgebenden Wirbeltierfährten der Gattung *Chirotherium* (77, 79). Sie werden als Fußabdrücke eines großen Reptils interpretiert, das die Strände nach Nahrung absuchte. Im Schweizer Kanton Tessin wurde im oberen Anisium mit dem krokodilartigen *Ticinosuchus ferox* ein mutmaßlicher Verwandter nachgewiesen.

Der Obere Buntsandstein

Die Basis des Oberen Buntsandsteins ist durch die Transgression des Rötmeeres definiert und verläuft als Grenze zwischen kontinentaler und mariner Fazies ungleichzeitig – zu allen Zeiten ein Kennzeichen terrestrisch-mariner Übergänge. In Thüringen wird die Röt-Formation in drei Subformationen unterteilt, die

75: Die drei Subformationen der Röt-Formation (Oberer Buntsandsteins) in Thüringen. a: Rote Tonsteine mit grauen Mergel- und untergeordnet Sandlagen der Karsdorf-Subformation bei Karsdorf. b: Zahlreiche Gipslagen in grauen Tonsteinen charakterisieren die Göschwitz-Subformation am Glockenseck. c: Schichtunterseite mit zahlreichen Muscheln der Gattung Myophoria in grauen Mergeln der Dornburg-Subformation (Leutratal), die nur in Thüringen als eigene Einheit ausgewiesen wird. Ihre Typuslokalität liegt unterhalb der Dornburger Schlösser nördlich von Jena.

eine schrittweise Verlagerung der Küstenlinie anzeigen. Gipsreiche Bänke der Göschwitz-Subformation dokumentieren im Unterröt ein übersalzenes Randmeer, das allmählich nach Süden vorstieß (75b). Danach folgte ein kurzzeitiger Meeresrückzug und auf flachen Schwemmebenen wurden knapp über dem Meeresspiegel feine rote Klastika der Karsdorf-Subformation (Pelitröt) abgesetzt (75a). Im späteren Röt herrschten dann wieder marine Bedingungen vor, die in den grauen Mergeln und Mergelkalken der Dornburg-Subformation (Myophorienschichten) zum Ausdruck kommen (75c). Hier finden sich neben einer artenarmen Muschelfauna mit *Costatoria* und *Myophoria* vereinzelte Ammonoideen (*Beneckeia tenuis*). Die Obergrenze des Buntsandsteins ist mit der Basis der harten gelben Wellenkalkbank („gelber Grenzkalk") definiert (82).

Fossilien im Buntsandstein

Der Vielfalt an Sedimentstrukturen steht die auffallende Fossilarmut in der Bildungszeit des Buntsandsteins gegenüber. Dies ist, neben den extremen klimatischen Bedingungen, auch eine Folge des globalen Massenaussterbens an der Perm-Trias-Grenze. Erst im Laufe der Untertrias erholte sich die Lebewelt allmählich von der Katastrophe, was sich in der Zunahme von Tetrapodenspuren (z.B. *Chirotherium*; 77) und in den Floren widerspiegelt. Die Pollenspektren zeigen abnehmende Anteile paläozoischer Bärlappgewächse zugunsten von Koniferen und Farnen. Neben vereinzelten, schlecht erhaltenen Muscheln und Schnecken sind in den feinkörnigen Silt- und Tonsteinen Conchostraken zu finden, die den wechselhaften Bedingungen am besten angepasst waren. Sie gelten im gesamten Buntsandstein als wichtige Leitfossilien.

Als bekannteste Fossilien des Buntsandsteins dürften die im Jahr 1833 erstmals in der Solling-Formation Südthüringens gefundenen Tetrapodenfährten gelten, die heute von vielen triassischen Fundstellen weltweit bekannt sind. Auf den Fährtenplatten wurden neben den beiden fünfzehigen Spuren *Chirotherium barthii* und *C. sickleri* auch Ansammlungen kleinerer Spuren der Gattung *Rotodactylus* nachgewiesen (76-78). Zwischenzeitlich wurden aus der gesamten Triasabfolge Südthüringens und Nordbayerns 13 Horizonte mit Tetrapoden-Fährten beschrieben[29]. Für das Thüringer Becken wurden jüngst in der südlichen Umgebung von Jena größere Flächen mit Tetrapodenfährten von Vertreten der Gattungen *Isochirotherium*, *Chirotherium* und *Synaptichnium* aus der Solling-Formation dokumentiert[30]. Bis heute kann man diese Buntsandstein-Fährten keinem Erzeuger sicher zuordnen, jedoch kommen für die meisten Spuren Vertreter der Archosaurier infrage. Zu dieser Großgruppe gehören sowohl die Krokodile als auch die gemeinsamen Stammgruppen der Dinosaurier und Vögel[28].

76: Rekonstruktion des Erzeugers von Rotodactylus matthesi Haubold. Naturkundemuseum Schleusingen, Foto: J. Kuss.

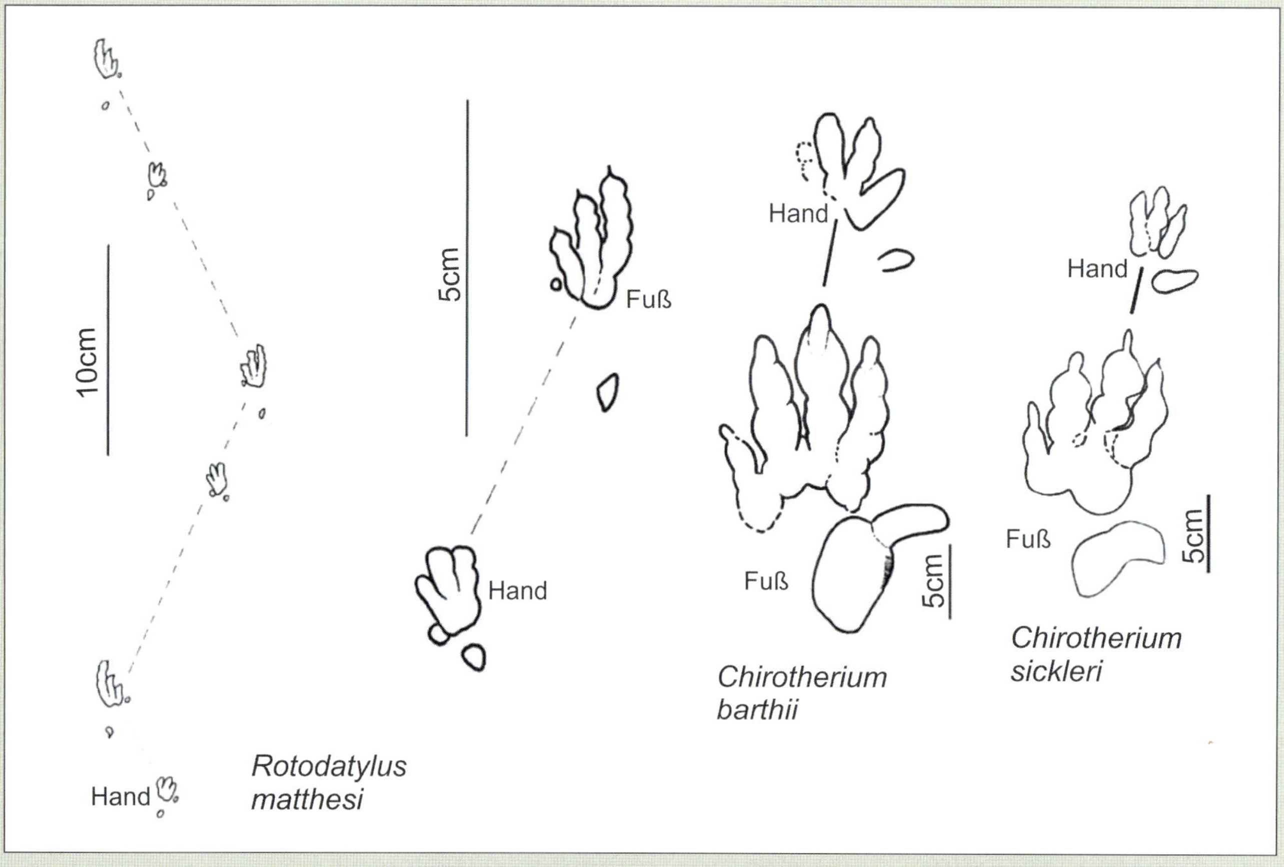

77: Fuß- und Handeindrücke von Archosauriern aus der Solling-Formation (Mittlerer Buntsandstein) nach verschiedenen Autoren[29].

78: Ausschnitt einer Fährtenplatte, voll mit Spuren der Arten Rotodactylus matthesi Haubold (1), Rhynchosauroides bornemanni Haubold (2) und einer mutmaßlichen Ruhespur von Triops (3). Naturkundemuseum Schleusingen, Foto: J. Kuss.

Wie findet man die Spurenfossilien in den Sandsteinen?

Spurenfossilien werden sowohl auf Bankoberflächen oder auf Bankunterseiten von Sand- und Kalksteinen angetroffen, die in Bereich randmariner Watten und Lagunen, am Ufer von Seen und Tümpeln oder auf Deltaebenen bzw. Überschwemmungsgebieten von Flüssen entstanden sind. Durch all diese schlammigen Bereiche wanderten verschiedenste Tetrapoden und hinterließen ihre Fußabdrücke. Wenn die Schlammflächen zeitweise austrockneten (sichtbar an Trockenrissen), härteten die Eindrücke aus und wurden bei erneuter Wasserbedeckung mit Sand verfüllt. So blieben sie über Jahrmillionen erhalten.

Im Naturkundemuseum Schleusingen sind häufige Fuß- und Handabdrücke von Archosauriern des Mittleren Buntsandsteins (Solling-Formation) ausgestellt. Schöne Rekonstruktionen von *Chirotherium* und *Rotodactylus* sind neben einem kleineren *Rhynchosauroides* im Diorama zu finden (76, 79). Auf einer Fährtenplatte von der Typuslokalität des Chirotheriensandsteins sind Spuren von *Rotodactylus matthesi* und *Rhynchosauroides bornemanni* zu entdecken, daneben eine mutmaßliche Ruhespur des Rückenschalerkrebses *Triops* (78).

Zusammenfassung: *Waldreichtum kennzeichnet die Buntsandstein-Landschaften des Thüringer Beckens und ist in den trocken-sandigen Böden begründet. Morphologisch sind es flache Kuppen und Plateaus, die im mittleren Saaletal (Region 4; (1)) den zyklischen Stockwerksbau des Buntsandsteins oft beispielhaft nachzeichnen (71). Weiter nördlich kommen vergleichbare Landschaftsformen entlang der Unstrut, zwischen Naumburg und Wangen, in der Region 6, (1) vor. Westlich des „Trias-Tores“ wird das Landschaftsrelief ab Memleben oft durch die unterlagernden Zechstein-Salinare dominiert. Dies führt zu Subrosionssenken, die in der Goldenen Aue oder dem Helme-Unstrut-Ried anzutreffen sind.*

79: Rekonstruktion des Erzeugers von Chirotherium (78) (4,5 m Länge); im Vordergrund ein Lepidosaurier , der mutmaßliche Erzeuger der Spurenfossilgattung Rhynchosauroides. Naturkundemuseum Schleusingen, Foto: J. Kuss.

Die Muschelkalk-Gruppe

Im Thüringer Becken werden wie auch andernorts die Gesteine der Muschelkalk-Gruppe in sieben Formationen unterteilt (6). Besonders landschaftsprägend sind die harten und verwitterungsbeständigen Kalk- und Mergelsteine der Jena-Formation (Unterer Muschelkalk), die als Höhenzug nahezu das gesamte Thüringer Becken umrahmen (1, 4).

Die harten Kalksteine werden aber auch von zahlreichen Flüssen angeschnitten und sind zudem an tektonischen Abbrüchen zu finden. Im Kontrast dazu stehen die weichen Lithologien des Mittleren Muschelkalk (Evaporite und Dolomite der Karlstadt-, Heilbronn- und Diemel-Formation), die leicht löslich und damit viel stärker von der Verwitterung betroffen sind. Zumeist liegen sie nur noch relikthaft auf den Hochflächen am Top der Jena-Formation. Gute Aufschlüsse sind Mangelware. Etwas besser sieht es bei den harten Kalksteinen der Trochitenkalk-Formation an der Basis des Oberen Muschelkalks aus, wogegen die weichen Kalk- und Mergelsteine der Meißner- und der Warburg-Formation darüber oft überwachsen sind. Man trifft sie praktisch nur in künstlichen Aufschlüssen an. Im Folgenden werden die Muschelkalkabfolgen im reizvollen Unstruttal und in Aufschlüssen des westlichen und zentralen Thüringer Beckens beschrieben.

80: Blick auf Freyburg an der Unstrut. Die Weinberge wurden auf Kalksteinen der Jena-Formation angelegt. Schloss Neuenburg und der „Dicke Wilhelm“ (Turm) stehen auf einem Plateau, das die Grenze zum Mittleren Muschelkalk morphologisch nachzeichnet. Wikimedia Commons, Lizenz CC4.0.

Der Untere Muschelkalk

Bei nahezu konstanter Mächtigkeit von 100–110 m finden sich in den grauen Kalk-Mergel-Ton-Mischgesteinen der Jena-Formation („Wellenkalkfazies“) zahlreiche auffallend gelb-orange, dezimeterdicke Bänke (81). Dabei handelt es sich um Kalksteine mit erhöhten Dolomit- und Tongehalten, wobei die Gelbfärbung erst später infolge von Dedolomitisierung (freigesetzte Fe^{2+}-Ionen aus dem Dolomit-Kristallgitter) entstand. Des Weiteren sind auch konglomeratische, häufig fossilreiche Bänkchen mit artenarmen Gastropoden-, Muschel- und/oder Brachiopodenfaunen anzutreffen, die mitunter über viele Kilometer verfolgbar sind. Für all diese Bänke gilt, dass sie mehrfach und in regional unterschiedlichen Horizonten vorkommen und nur bedingt für beckenweite Korrelationen geeignet sind. Im Gegensatz dazu werden drei markante, dezimeter- bis meterdicke Leitbänke innerhalb der Jena-Formation für die beckenweite Untergliederung der Wellenkalke (Wk 1–3) verwendet. Von unten nach oben wird die Oolithbank, die Terebratelbank und der Schaumkalk unterschieden (81). Alle drei Abschnitte sind durch harte, herauswitternde Kalksteinbänke gekennzeichnet, die häufig Fossilschutt und Kalkooide führen und poröse Strukturen aufweisen.

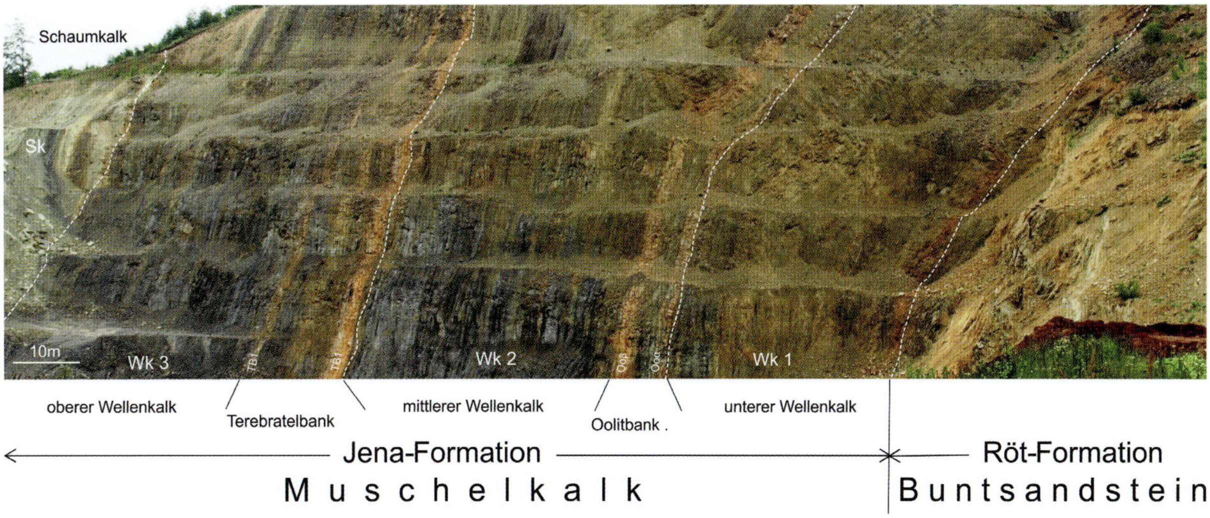

81: Die Jena-Formation mit ihren drei Leithorizonten (Oolith-, Terebratelbank und Schaumkalk), die sich farblich von den grauen Wellenkalken (Wk 1–3) absetzen. Die Gesteinsabfolge im ehemaligen Steinbruch Burgwenden wurde um 90° gekippt. Grund dafür sind komplexe tektonische Vorgänge im tiefer liegenden Zechstein-Salinar, das an der Finne-Störungszone (4) mobilisiert wurde. Die Grenzen zum Schaumkalk (links) und zur Röt-Formation (rechts) verlaufen an tektonischen Störungen. Das Betreten des eingezäunten Steinbruchgeländes ist nur mit Genehmigung möglich!

82: *Die beiden Grenzgelbkalke (roter Balken) markieren die Basis der Jena-Formation am Hausberg bei „Ulmers Ruh“ in Jena. Darüber folgen die unteren Wellenkalke, darunter liegt gipsführendes Röt.*

83: *Wellenkalkfazies im Unteren Muschelkalk (Jena-Formation) bei Weischütz. Die wellige Basis der Kalkbank 1 dokumentiert Massentransport von Kalkschlamm, der sich in den weichen Mergel-Untergrund eindrückte („Brotlaib-Strukturen“). Bank 2 zeigt intern parallel „geschieferte“ Strukturen (Sigmoidalklüftung), die als Seismite interpretiert werden. Bei 3 sind mergelreiche Kalke mit Bioturbation zu sehen.*

Inwieweit die Leitbänke zeitgleiche Grenzen darstellen, wird kontrovers diskutiert, da genaue chronostratigraphische Datierungen fehlen. Einige Autoren führen sie auf Meeresspiegelschwankungen zurück und sehen darin Argumente für eine beckenweite Synchronität, die dann im Umkehrschluss als stratigraphisches Werkzeug dienen soll[33]. Moderne Untersuchungen zeigen, dass die Leitbänke oft eine welleninduzierte Aufarbeitung des Meeresbodens anzeigen, hervorgerufen durch Stürme oder Tsunamis. Derartige Lagen werden auch als Tempestite bezeichnet. Innerhalb der Leitbänke liegen sie mitunter erosiv einschneidend mehrfach übereinander gestapelt vor und werden fallweise von dazwischen liegenden bioturbaten Mergellagen getrennt, die als „Stillstandphasen“ interpretiert werden. Inwieweit die Auswirkungen derartiger Sturmereignisse über mehrere hundert Kilometer beckenweit vorstellbar sind, wirft Fragen über die stratigraphische Bedeutung der Leitbänke auf, mit ihren lateral variierenden Mächtigkeiten und internen Bankcharakteristika. Trotz dieser Problematik stellen die drei Leitbänke in der Praxis die beste Möglichkeit dar, die über 100 m mächtige, monotone Wellenkalkfazies der Jena-Formation in Mittel- und Süddeutschland lithostratigraphisch zu unterteilen (81).

Die Basis der Jena-Formation ist durch den Grenzgelbkalk definiert, der am Hausberg im Stadtgebiet von Jena als Doppelbank aufgeschlossen ist (82). Es handelt sich um einen dolomitischen Kalkstein, der von der typischen Wellenkalkfazies des Unteren Muschelkalks überlagert wird.

Wellenkalke, Hartgründe und andere Besonderheiten der Jena-Formation

Die grauen Kalksteine und tonigen Mergel des Unteren Muschelkalks entstanden durch marine Kalkfällung und den gleichzeitigen Eintrag feiner Tontrübe. Letztere sammelte sich bei wüstenhaftem Klima zunächst in Schwemmfächern oder Dünen an und wurde bei Stürmen oder über episodische Flüsse ins Meer eingetragen. Die vorherrschend schlammreichen Gründe des flachen Muschelkalkmeeres wirft die Frage nach der Herkunft der Kalkschlämme auf. Im Gegensatz zu jüngeren Zeitabschnitten, als Kalkschlamm hauptsächlich durch kalkiges Plankton entstand, gibt es dafür in der Unteren Trias keine Belege. Stattdessen wird hier Bioerosion, Zerfall aragonitischer Schalen oder biochemische Fällung (vergleichbar den „whitings“ heutiger tropischer Flachmeere) als Erklärung für die gewaltigen Mengen an Kalkschlamm herangezogen[34].

Eine weitere Frage betrifft die Entstehung der Wellenkalk-Texturen, die im Wechsel zwischen härteren und weichen Lithologien durch Flasern und Knollen gekennzeichnet sind. Dafür werden verschiedene Prozesse angenommen. Wasserströmung führt zu Flasertexturen (vergleichbar mit Rippeln), intensive Durchwühlung (Bioturbation) trägt zur Entschichtung bis hin zur Knollenbildung bei. Bei der Setzung und Kompaktion kalk- und tonreicher Wechselfolgen entstehen wellig-knollige Gefüge. Häufig zu beobachtende Sigmoidalklüfte (83) werden als Seismite interpretiert, also durch Erdbeben entstanden[35].

Zahlreiche weitere sedimentologische Besonderheiten sind wiederholt in der Wellenkalkfazies und den drei Leitbänken anzutreffen. Hartgründe wittern oft in grauen Kalkbänken heraus (84-88). Sie entstanden einige Zentimeter unter der Sediment-Wasser-Grenzfläche durch frühdiagenetische Zementation von Kalkschlamm. Im halbfesten Zustand wurden diese Bereiche von zentimeterdicken Würmern durchgraben (*Balanoglossites*). Mit zunehmender Verhärtung entstand ein Hartgrund, der mitunter auch angebohrt wurde. Unklar ist, welcher Organismus die 1 bis 2 mm dünnen Bohrgänge (*Trypanites*) verursachte (84,85). Hartgründe sind oft zerbrochen und aufgearbeitet in Konglomeratbänken anzutreffen (87). Letztere entstanden ebenso wie die partikelreichen Kalke im sturmgepeitschten Flachmeer, wo sie zusammen mit Kalkschalen und grobem Kalksand zusammengeschwemmt wurden. Solche Sturmlagen sind durch erosive Einschneidungen an der Basis und interne Schrägschichtung gekennzeichnet. Auch innerhalb mächtiger schlammreicher Kalkabfolgen ist oft großdimensionale Einschneidung zu beobachten. Sie entstanden durch untermeerische Rutschungen an instabilen Hängen. Nur 2 bis 3° Neigung reicht aus, um meterdicke unverfestige Kalkschlammpakete als Suspensionsströme abgleiten zu lassen.

Schaumkalke

Hierbei handelt es sich um eine partikelreiche Kalksteinvarietät, die durch ein offenporiges („schaumiges") Gefüge kennzeichnet ist. Neben zerbrochenen Organismenschalen sind Ooide mit über 50%-Anteilen in den meisten Schaumkalken der Jena-Formation (Oolithbank, Terebratelbank und Schaumkalk)

84: Entstehung von Hartgründen. Aus Kalkschlamm (1) entsteht in geringer Sedimenttiefe während der Verfestigung ein Hartgrund (2); die unregelmäßige Basis entstand durch biogene Aktivitäten; der Pfeil markiert die Reste eines Krebses im ausgeformten Wohnbau. Die Grab- und Bohrspuren weisen auf unterschiedliche Verfestigungsgrade hin. Später legen bodenberührende Wellen den Hartgrund frei und setzen darüber Kalksande mit scharfer Untergrenze ab (3). Weitere Details im Text. Unterer Wellenkalk, Steinbruch Tannroda.

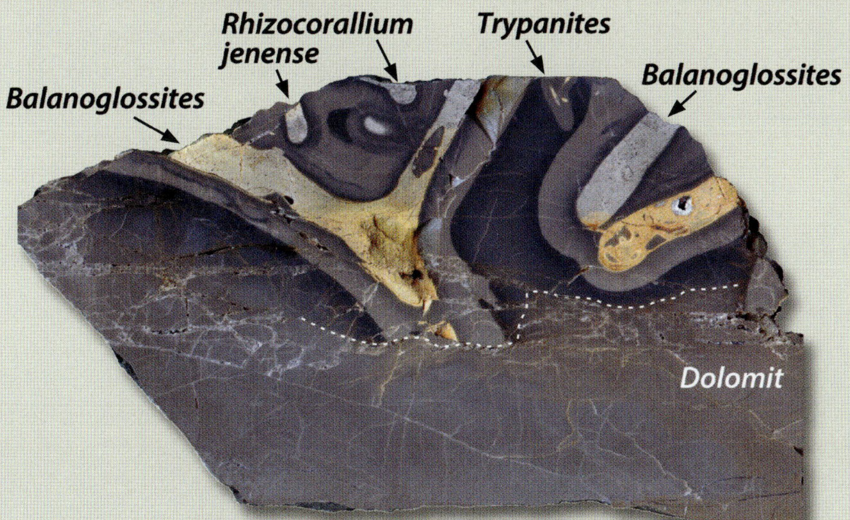

85: Der polierte Anschnitt zeigt verschiedene Entwicklungsstadien eines Hartgrunds, der bei der Verfestigung von Kalkschlamm entstand. Die gelben Verfärbungen gehen auf sekundäre diagenetische Veränderungen zurück. Die Spurenfossilien Balanoglossites isp. und Rhizocorallium jenense Zenker wurden im festen Substrat von Krebsen und Würmern angelegt. Der Hartgrund wurde nach weiterer Aushärtung angebohrt – dieser Spurentyp heißt Trypanites. Untere Oolithbank, Steinbruch Tannroda.

vertreten. Ooide sind millimetergroße Kalkkügelchen, die im bewegten Flachwasser unter mikrobieller Beteiligung entstanden. Ihre charakteristischen konzentrischen Krusten sind im Handstück nur mit der Lupe oder unter dem Mikroskop in Gesteinsdünnschliffen erkennbar (88). Oft liegen sie als herausgelöste Hohlräume vor, was zu porösen Gesteinsoberflächen und zur Bezeichnung „Schaumkalk" führte. Die Ooide bestanden ursprünglich aus Aragonit, einer instabilen Modifikation des Kalziumkarbonats, und wurden durch zirkulierende Porenwässer aufgelöst. Wenn das umgebende Sediment (z.B. Kalkschlamm) von den Lösungsprozessen weitgehend verschont blieb, entstanden unzählige Hohlraumporen. Nach dem gleichen Prinzip wurden auch Muscheln und Schnecken herausgelöst, die heute lokal in kalzitischer Ersatzschalen-Erhaltung vorkommen. Sie ist häufig in stark verwitterten, Schillreichen Partikelkalken im Saale-Unstrut-Gebiet und im westlichen Hainich anzutreffen und im Detail auf drei Faktoren zurückzuführen[38]:

1) Aragonitische Gehäuse von Schnecken, Muscheln und Ooide werden zusammen mit kalzitischem Kalkschlamm (Matrix) zu Schillkalken zusammengeschwemmt.
2) Die Aragonitlösung beginnt erst nach Verfestigung der Matrix, dadurch entstandene Hohlräume überdauern viele Millionen Jahre.
3) Lange Zeit später zirkulieren kalziumreiche Porenwässer in den offenen Hohlräumen der Schalen und Ooide, die nun mit ausgefälltem Kalzit verfüllt werden und es entstehen „Ersatzschalen".

Nur wenn alle drei Bedingungen zusammentreffen, können Ersatzschalen in porösen Kalksteinen entstehen. Dies erklärt, warum die heutigen Vorkommen örtlich begrenzt sind. Die kalziumreichen Porenwässer während der Stufe 3 wurden vermutlich während tektonischer Heraushebung und tiefgründiger Verwitterung in der späten Kreidezeit und im Paläogen mobilisiert. Je nachdem, welcher Partikelkalk die unterlagernde Landoberfläche bildete, bestimmte darüber, ob die vormals herausgelösten Ooide und Schalen kalzitisch verfüllt wurden.

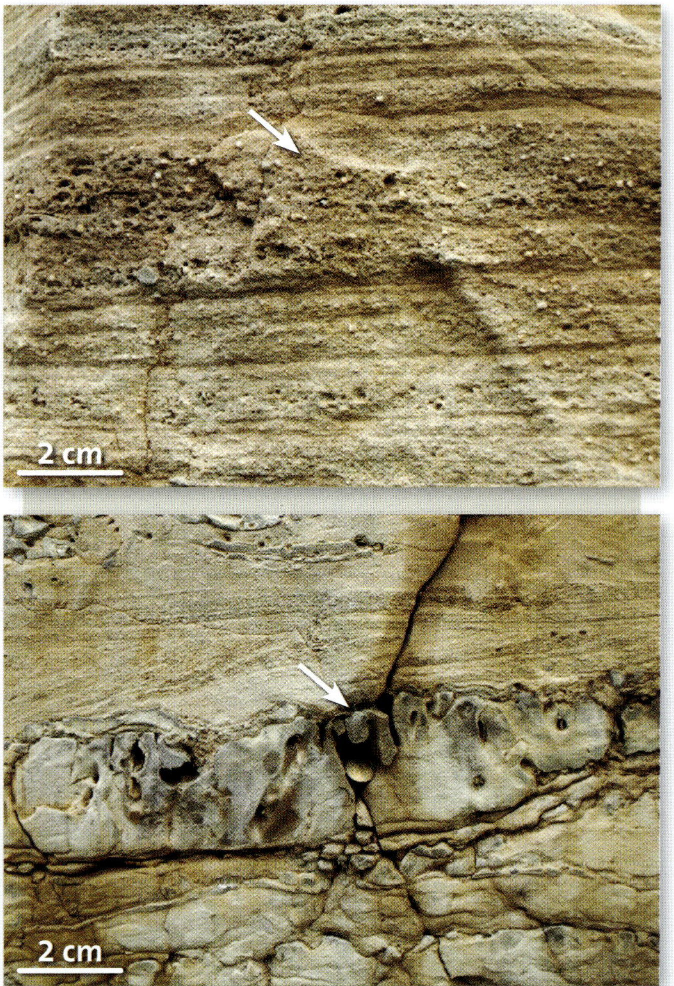

87: Detailaufnahmen aus der unteren Oolithbank. Oben: Mehrere cm-dicke Kalksandlagen übereinander mit herausgewitterten Fossilschalen; der Pfeil zeigt auf Partikelkalke mit Seelilienstielgliedern. Unten: Der aufgearbeitete Hartgrund ist zwischen schräggeschichteten Partikelkalken eingeschaltet und lässt zahlreiche Anbohrungen (Balanoglossites) erkennen, die als teilverfüllte Hohlräume vorliegen. Steinbruch Weischütz, Laucha.

86. Die Aufsicht des Handstücks von Abb. 85 zeigt die Mündungen verschiedener Spuren auf der Hartgrundoberfläche: 1 – Balanoglossites, 2 – Trypanites, 3 – Rhizocorallium jenense. Untere Oolithbank, Steinbruch Tannroda.

Der Muschelkalk – ein tropisches Meer voller Leben

Die fossile Lebewelt im Muschelkalk wird häufig von den namengebenden Muscheln dominiert. Daneben sind auch Schnecken, Ammonoideen, Nautiliden und Scaphopoden (Kahnfüßer) zu nennen, die zusammen mit Brachiopoden und verschiedenen Stachelhäutern

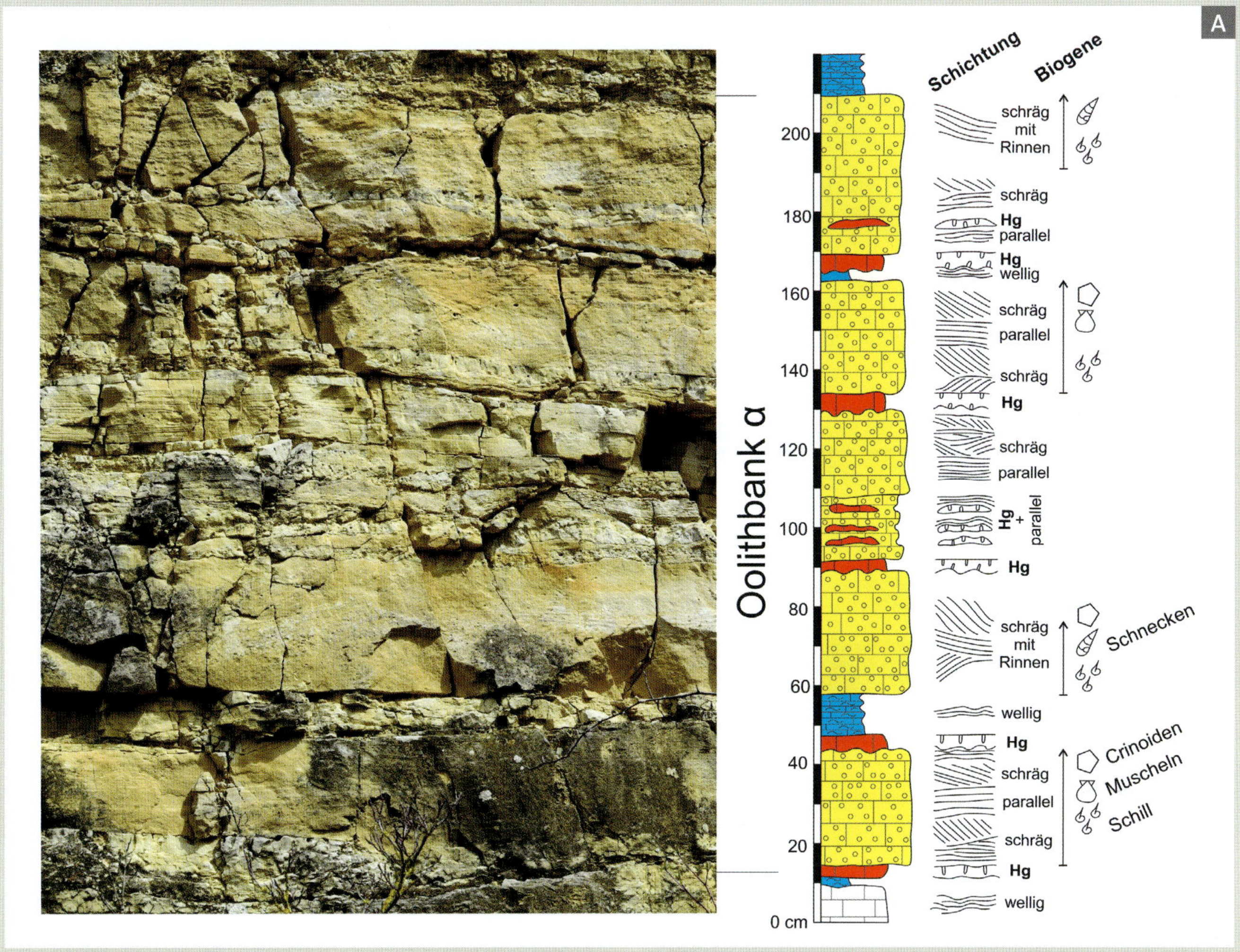

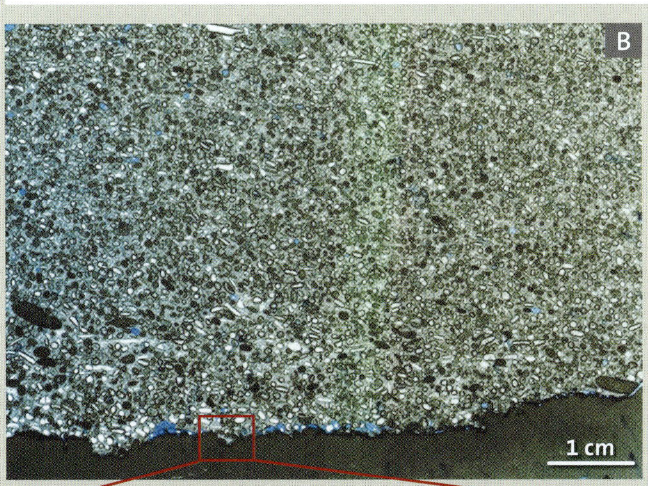

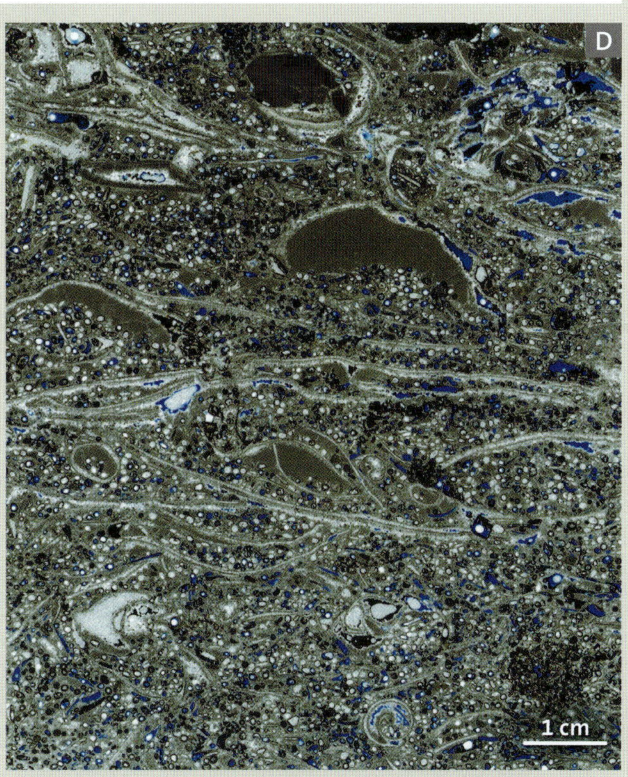

88: A: Die untere Oolithbank (a) im Steinbruch auf dem Wagnerschen Berg bei Bad Bibra ist aus fünf dezimeter-dicken Ooidbänken und zahlreichen Hartgründen (Hg) aufgebaut B: Ooidkalke im Dünnschliff C: Ooide mit dunklen Krusten und herausgelösten Kernen (blaue und weiße Areale) in Ersatzschalen-Erhaltung (vgl. Text). D: schillführender Ooidkalk, Muschelquerschnitte mit Kalkschlamm.

89: Die Lebewelt im Unteren Muschelkalk mit Cymatosaurus. Die Fischechsen tummeln sich am Strand, vergleichbar den heutigen Pinguinen. Diorama im Naturhistorischen Museum Schleusingen, Foto: J. Kuss.

die Meeresböden besiedelten. Weiterhin belegen vielfältige Spurenfossilien die intensive Durchwühlung und Besiedlung der kalkigen Schlammböden, während im Freiwasser zahlreiche Fische und marine Reptilien lebten. Die jüngste Zusammenfassung über die vielen Fossilgrupppen, die seit Beginn des 19. Jahrhunderts aus dem Muschelkalk beschrieben wurden findet sich in verschiedenen Artikeln des zweibändigen Werkes „Trias – Aufbruch in das Erdmittelalter“[25].

Paläogeographische Rekonstruktionen zeigen, dass das Muschelkalk-Randmeer zeitweise mit dem Tethys-Ozean in Verbindung stand, gesteuert durch globale Meeresspiegelschwankungen, die bereits zur Flutung des Norddeutschen Beckens ab dem Röt geführt hatten. Zu Zeiten der Jena-Formation ermöglichte ein schmaler Meeresarm im Südosten („Schlesische Pforte“) die Einwanderung von Faunen. Ein zweites Mal kam es während des Oberen Muschelkalks über die „Burgundische Pforte“ im

90: Einzelne Stielglieder (Trochiten) die mit einigen Stielfragmenten zusammengeschwemmt wurden. Naturkundemuseum Erfurt, Foto: J. Kuss.

91: Aus dem Schaumkalk bei Freyburg/Unstrut stammt die 20-armige Seelilie Carnallicrinus carnalli (Beyrich). Stiele und Kelche lassen vereinzelt noch die purpurne Pigmentierung erkennen. Naturkundemuseum Erfurt, Foto: J. Kuss.

Südwesten zu Verbindungen mit dem Tethys-Ozean. In beiden Fällen fand jedoch nur ein begrenzter Faunenaustausch statt, was auf erhöhte Salinität im Muschelkalkmeer zurückgeführt wird. Dafür sprechen die relativ artenarmen Faunen im Muschelkalk, die oft mit hohen Individuenzahlen einhergehen. Ähnliche Beobachtungen werden auch in heutigen Randmeeren (z.B. Ostsee, Persischer Golf) gemacht.

Fossilien im Unteren Muschelkalk Thüringens

Die Verteilung der oftmals in Bänken angereicherten bodenlebenden Faunen der Jena-Formation wird überwiegend als substrat- bzw. salinitätsgebunden interpretiert. Somit repräsentieren diese Fossilgemeinschaften ein Abbild unterschiedlicher ökologischer Bedingungen. Die meisten Mollusken liegen meist in Steinkernerhaltung vor, da alle primär aragonitischen Schalen weggelöst wurden[38]. Besser schaut es bei den kalzitschaligen Brachiopoden, den Crinoiden und den Wirbeltieren aus. Cephalopoden sind im Unteren Muschelkalk generell sehr selten, jedoch kommen mit *Beneckeia*, *Balatonites* und *Discoptychites* Gattungen vor, die eine Alterskorrelation mit Triasgesteinen in der Tethys ermöglichen. Seelilien gehören zu den Stachelhäutern, die im Muschelkalk flache Meeresböden besiedelten (90–92).

Bei den Wirbeltierfunden überwiegen Knochen und Zähne von Nothosauriern. Sie werden auch als „Bastardsaurier" bezeichnet, da sie viele Körpermerkmale ausgestorbener Reptilien in sich vereinigen. Skelette dieser Flossenechsen sind selten. So war die Entdeckung eines kleinen Schädels in Kalksteinen der Jena-Formation von Bad Berka eine kleine Sensation, die zudem die Aufstellung der neuen Art *Cymatosaurus minor* rechtfertigte[39]. Vergleiche mit einem nahe verwandten Sauropterygier aus Kalksteinen von Rüdersdorf ermöglichten es, das kleine Reptil „zum Leben zu erwecken" und in einem Diorama im Naturhistorischen Museums Scheusingen auszustellen (89).

Im Unteren Muschelkalk sind sehr häufig Spurenfossilien anzutreffen, Kriech-, Weide- und Ruhespuren, aber auch Wohnbaue. Als Anzeiger für Weichböden, Hartgründe (84–86) und festes Substrat liefern sie zusammen mit Körperfossilien und Sedimentstrukturen wichtige Hinweise für die Wassertiefe und -bewegung. Sehr häufig kommen die Spreitenbaue von *Rhizocorallium* mit den beiden Arten *R. jenense* und *R. commune* vor. Die erstgenannte kleinere Art wird oft massenhaft in Partikelkalken angetroffen. Die steil zur Sedimentoberfläche angelegten Wohnbaue werden auf die Aktivitäten von Würmern (Anneliden) oder Arthropoden zurückgeführt. Die größeren, horizontalen Baue der zweiten Art sind in der schlammreichen Wellenkalkfazies häufig und vermutlich auf Krebse zurückzuführen (93)[37].

92: Lebensbild der Unterwasserwelt im Unteren Muschelkalk. Seelilien der Gattung Holocrinus haften mit ihren Cirren am Meeresboden bzw. an Muschelschalen fest. Museum Terra Triassica Euerdorf.

93: *Eine Wellenkalk-Schichtfläche mit Rhizocorallium commune Schmid, dem wohl häufigsten Spurenfossil im Muschelkalk. Die Pfeile zeigen auf herausgewitterte interne Details zopfförmiger Kratzspuren. Bei 1 sind Schnecken (links unten) bzw. Muschelabdrücke (oben) zu erkennen. Oberer Wellenkalk, Steinbruch Tannroda.*

94: *Die Grenze zwischen Unterem (mu) und Mittlerem (mm) Muschelkalk ist selten so gut aufgeschlossen wie im Steinbruch Oberdorla im Mühlhauser Stadtwald (Betreten nur mit Genehmigung möglich). Über dem oberen Schaumkalk folgen mit messerscharfer Grenze bituminöse Mergel der Karlstadt-Formation und 1,6 m darüber die Kalkbänke der Orbicularis-Schichten.*

Der Mittlere Muschelkalk Thüringens – nahezu fossilfrei

Im Mittleren Muschelkalk war der Wasseraustausch mit der Tethys mehrfach unterbrochen und das Mitteleuropäische Flachmeerbecken zeitweise abgeschnürt. Dadurch stieg der Salzgehalt noch stärker an und in den flachen Gewässern konnten sich nur Ökospezialisten einer verarmten Lebewelt behaupten. Die bis zu 120 m mächtigen fossilarmen Ablagerungen bestehen aus einer Wechselfolge von Ton-, Mergel-, Dolomit- und Sulfatgesteinen. Ihre lithologische Dreiteilung in die Karlstadt-, Heilbronn- und Diemel-Formation spiegelt den Wechsel zwischen abnehmenden, stagnierenden und langsam wieder zunehmenden randmarinen Bedingungen wider. Monospezifische Vorkommen der Muschel *Neoschizodus orbicularis* sind gebietsweise in den Kalkbänken an der Basis der Karlstadt-Formation (*Orbicularis*-Schichten) anzutreffen.

Bei weiterhin trockenheißem Klima kam es im Zentrum des Thüringer Beckens zur Bildung von Eindampfungsgesteinen: Gips und Steinsalz. Letzteres wurde im Beckenzentrum nahe Erfurt bis 1916 im Solebergbau gewonnen. Am Nordhang des Kleinen Seebergs bei Gotha sind noch heute die ehemaligen Bruchwände des Gipsabbaus der Heilbronn-Formation zu sehen, die einen der wenigen Aufschlüsse im Mittleren Muschelkalk Thüringens darstellen (95). Die Gesteine gelangten durch Heraushebung entlang der Eichenberg-Gotha-Arnstadt-Saalfelder Störungszone an die Oberfläche, wo sie heute vom jüngeren Rhätsandstein des Keupers eingerahmt sind. Morphologisch treten mehrere Karsthöhlen und Erdfälle (Dolinen) in Erscheinung, die durch unterirdische Gipsauslaugung entstanden. Daneben sind häufig Zellendolomite anzutreffen, die als charakteristische Lesesteine für den Mittleren Muschelkalk gelten, wo dieser von Feldern oder bewaldeten Hängen bedeckt ist.

In der Diemel-Formation sind im Übergang zum Oberen Muschelkalk kleine Stromatolithe zu finden (97), Bakterienmatten, die lebensfeindliche Standorte wie hypersalinare Milieus besiedeln konnten. Ihre Vorkommen kündigen den Übergang zu erneut vollmarinen Bedingungen im Oberen Muschelkalk an.

95: *Gipslagen (dunkel) und dolomitreiche Lagen (hell) der Heilbronn-Formation (Mittlerer Muschelkalk) am Kleinen Seeberg bei Gotha. Aufschlusshöhe ca. 4 m.*

Der Obere Muschelkalk – das Meeresleben kehrt zurück

Zu Beginn des Oberen Muschelkalks war über die „Burgundische Pforte" wieder frisches Meerwasser aus der Tethys in das Germanische Becken eingedrungen. Mit dem Meerwasser wanderten neue Faunen in das Flachmeer ein, die hier optimale Lebensbedingungen fanden. Hierzu gehörten die am Meeresboden verankerten Seelilien (Crinoiden) mit ihren bis zu 1,5 m langen Stielen. Neben den Encriniden (*Encrinus liliiformis*), die mit einer Haftscheibe am Meeresboden festgewachsen waren, konnten sich Holocriniden mit ihren Cirren aktiv am Untergrund festkrallen (91, 92). Da sie diese Verankerung jederzeit wieder lösen konnten, waren sie nicht ortsgebunden. Nach dem Absterben zerfielen die Stiele zu ihren „Grundbausteinen", den Trochiten. Wurden diese zusammengeschwemmt, konnten sie zusammen mit anderen Schalentrümmern dickbankige Kalksteine aufbauen: die Trochitenkalk-Formation an der Basis des Oberen Muschelkalks. Darüber folgen die dünnbankigen Kalk-, Mergelkalk- und Tonmergelstein-Wechselfolgen der Meißner- und

96: *Fossiler Meeresboden aus Kalkschlamm mit Ichnofossilien der Gattung Rhizocorallium und zusammengeschwemmten Gehäusen von Ceratiten („Ceratitenpflaster vom Drosselberg"). Naturkundemuseum Erfurt, Foto: J. Kuss.*

97: Polierter Anschnitt eines Kalksteinblocks (1) aus dem Grenzbereich Mittlerer/Oberer Muschelkalk (Diemel-Formation) bei Troistedt. Die allseitigen stromatolithischen Krusten (2, 3) überwachsen eine Hornsteinkruste (Pfeil). Während die stromatolithische Kruste 2 aus nahezu konzentrischen Lagen besteht, sind in der Kruste 3 kleine säulenförmige Erhebungen erkennbar, mit gelbem, dolomitischen Sediment dazwischen. Naturhistorisches Museum Schleusingen, Foto: J. Kuss.

98: Der großwüchsige Nautilide Germanonautilus bidorsatus (Schlotheim) aus dem Oberen Muschelkalk. Museum Schloss Ehrenstein Ohrdruf, Foto: J. Kuss.

99: Dieser Quastenflosser von Mühlberg ist mit ca. 45 cm Länge eines der größten und vollständigsten Exemplare aus dem Oberen Muschelkalk. Museum Mühlberg, Foto: J. Kuss.

100: Schalenpflaster der austernförmigen Muschel Enantiostreon zusammen mit Brachiopoden aus der Meißner-Formation. Naturkundemuseum Erfurt, Foto: J. Kuss.

101: Teilskelett von Nothosaurus giganteus Münster, gefunden in Legefeld bei Weimar. Museum Mühlburg, Foto: J. Kuss.

102: Fossiler Meeresboden mit Coenothyris cycloides (Zenker), ein terebratulider Brachiopode, der namengebend für die Cycloides-Bank (Meißner-Formation) im Oberen Muschelkalk ist. Bildhöhe ca. 20 cm; Museum Schloss Ehrenstein Ohrdruf, Foto: J. Kuss.

der Warburg-Formation. Darin sind zwei markante Schillkalkbänke weit verbreitet anzutreffen, die *Cycloides-* und die *Spiriferina*-Bank. Beide werden als ökostratigraphische Leitbänke zur Korrelation verwendet. Massenvorkommen von *Coenothyris cycloides* (102) bzw. *Punctospirella* (früher: *Spiriferina*) *fragilis* charakterisieren beide Bänke. Daneben sind artenreiche Muschelfaunen, u.a. die tief im Sediment grabenden *Pleuromya* und *Myophoria* sowie die am Meeresboden mit Byssus festgehefteten *Plagiostoma* und *Hoernesia* anzutreffen sowie austernartige Muscheln wie *Enantiostreon* (100) und *Placunopsis*. Neben den Mollusken lebten aber auch viele Wirbeltiere in diesem Randmeer. Von marinen Reptilien wurden öfters Einzelknochen großwüchsiger Nothosaurier gefunden, seltener Teilskelette. Diese zeigen, dass der bis zu 6 m lange *Nothosaurus giganteus* mit einem speziellen Reusengebiss ausgestattet war und wohl ein sehr guter Fischjäger gewesen sein dürfte (101, 103). Daneben jagten Ichthyosaurier (*Mixosaurus*) und Pflasterzahnechsen (*Placodus*) im Meer des Oberen Muschelkalks. Letztere lebten küstennah vor allem von Muscheln und Brachiopoden, deren Schalen mit den breiten Pflasterzähnen geknackt wurden. Fische, darunter Quastenflosser (99) oder Haie (*Hybodus*) sind nur selten mit kompletten Skeletten nachgewiesen, dagegen sind Zähne und Schuppen von Fischen häufiger.

Zahlreiche Cephalopoden (Ceratiten, Nautiliden) lebten im Flachmeer. Ihre Gehäuse findet man oft in zusammengeschwemmten Anreicherungen. Zu Beginn des Oberen Muschelkalks wanderten kleine Paraceratiten aus der Tethys ein (96). Ihre nahezu lückenlos dokumentierte Evolution im Randmeer war von der Tethys völlig abgekoppelt und belegt eine eigenständige Entwicklung über 3,8 Millionen Jahre[40]. Am Ende des Muschelkalks starben sie mit den über 40 cm großen scheibenförmigen Discoceratiten aus. Da Vergleichsformen aus der Tethys fehlen, sind die 15 Ceratiten-Chronozonen im Oberen Muschelkalk nur für regional begrenzte stratigraphische Vergleiche tauglich. Nautiliden sind im Oberen Muschelkalk vor allem mit Arten der großwüchsigen Gattung *Germanonautilus* vertreten, dessen verkalkte Kiefer (Rhyncholithe) auf eine räuberische oder aasfressende Lebensweise deuten (98). Manche Rekonstruktionen gehen bei dieser Gattung von einer bodenbezogenen Lebensweise aus.

Die Zeit der Ablagerung des Oberen Muschelkalks fällt mit einem global abfallenden Meeresspiegel an der Wende Anisium-Ladinium zusammen. Dies hat eine schrittweise Verlagerung der sandigen „Keuperfazies" von den Beckenrändern zum Beckeninneren zur Folge. Diese Prozesse dauerten mehrere 10.000 Jahre und verliefen über ein Zwischenstadium als Binnenmeer, das schließlich komplett von den Flussfrachten zugeschüttet wurde. Am Ende war das einstige Muschelkalkmeer verschwunden. In vertikalen Gesteinsabfolgen sind diese Vorgänge durch zunehmende Ton- und Siltanteile in den Kalk-Mergel-Abfolgen der Meißner-Formation (Tonplattenfazies), bzw. der Warburg-Formation darüber dokumentiert[36].

103: Rekonstruktion der Bastardechse Nothosaurus giganteus Münster mit den scheinbar wirr angeordneten Vorderzähnen, die am fossilen Unterkiefer erkennbar sind. Das Reusengebiss war wohl bestens geeignet für die Fischjagd. Ausschnitt des von S. Brandt angefertigten Modells, das mit ca. 4 m Gesamtlänge im Museum Schloss Ehrenstein, Ohrdruf zu sehen ist (Foto mit Genehmigung, Museum Schloss Ehrenstein, Ohrdruf).

Zusammenfassung: *Die Muschelkalk-Landschaften des Thüringer Beckens (Regionen 5 und 6; (1)) sind durch Schichtstufen gekennzeichnet, die in der Geländemorphologie sichtbar werden. Am markantesten tritt die Wellenkalkstufe (Jena-Formation) hervor, die als Höhenzug das Thüringer Becken umrandet (4). Daneben ist sie an steilen Talrändern und Vorsprüngen von den Hörselbergen bei Eisenach bis zum Saaletal im Osten und nach Norden bis Naumburg zu verfolgen. Die weniger widerstandsfähigen Gesteine des Mittleren Muschelkalks entwickeln flache Hänge, die sich scharf vom Trochitenkalk an der Basis des Oberen Muschelkalks absetzen. Die Ceratitenschichten bilden die jüngsten Abschnitte und sind in flachen Kuppen oder Plateaus anzutreffen, wie am Ettersberg bei Weimar oder der Fahnerschen Höhe westlich Erfurt. Fossilien sind vielerorts häufig, im Bereich von Schutthalden an Steilhängen ebenso wie auf frisch gepflügten Äckern.*

Die Keuper-Gruppe

Gegen Ende der Mittleren Trias (frühes Ladinium) zog sich das Muschelkalkmeer schrittweise in das zentrale Germanische Becken zurück und fiel schließlich trocken. Von den nördlichen Hochgebieten in Skandinavien bauten sich riesige Flusssysteme mit ihrer Ton-, Schluff- und Sandfracht nach Süden vor und führten zur Verlandung der ehemaligen Flachmeerbereiche.

Da die Muschelkalk-Keuper-Grenze durch den lithologischen Wechsel von marinen zu kontinentalen Ablagerungen (also vom Kalk- zum Sandstein) definiert ist, fand dieser Wechsel nicht überall gleichzeitig statt. Somit handelt es sich um einen diachronen Übergang, der „schräg durch die Zeit" verläuft.

Die chronostratigraphische Unterteilung des Keupers (mittleres Ladinium bis Rhätium) ist aufgrund des Fehlens geeigneter Leitfossilien schwierig. Auch lithostratigraphisch sind die bunten Abfolgen aus Sand-, Ton-, Gips-, Dolomit- und Kalksteinen nicht einfach zu gliedern, da sie vielerorts und mehrfach in ähnlicher Ausprägung abgelagert wurden. Auch kleinräumig sind die Mächtigkeiten starken Schwankungen unterworfen. Im Thüringer Becken liegt die Gesamtmächtigkeit der Keuperablagerungen zwischen 400 und 600 m. Im weiter nördlich gelegenen Teilbecken des Glückstadt-Grabens können sie sogar mehrere 1000 m erreichen.

Die stratigraphische Gliederung der Keuperabfolgen im mitteleuropäischen Raum wurde jüngst zusammengefaßt[41]. Dabei kommen die eher lückenhaften Abfolgen an den Beckenrändern gegenüber den vollständigeren Abfolgen in den Beckenzentren zum Ausdruck.

Stratigraphie

Während für die stratigraphische Gliederung der Keuperablagerungen Süddeutschlands zahlreiche natürliche Aufschlüsse vorliegen, ist dies in Mittel- und Norddeutschland durch die zunehmende Bedeckung mit jüngeren Ablagerungen nur eingeschränkt bzw. nur mit mit Hilfe von Bohrdaten möglich. Im östlichen Thüringer Becken wurde der Keuper weitgehend erodiert, wogegen im zentralen und westlichen Teil bessere Einblicke in den Aufbau der Schichten möglich sind. Lithostratigraphisch wird die Keuper-Gruppe in fünf Formationen unterteilt(6)[18].

104: Die Mühlburg und die Wachsenburg gehören zu den Drei Gleichen – sie prägen die schönste Keuperlandschaft Thüringens. An den Steilhängen stehen Tonsteine der Arnstadt-Formation an, während die Burgen auf Rhätsandstein stehen.

Im **Unteren** Keuper bzw. „Lettenkohlenkeuper" (Erfurt-Formation) wechsellagern glimmerführende, weiche Sand- und Tonsteine mit eingeschalteten Kohleflözchen. Sie werden als Deltaablagerungen interpretiert, wobei kurzzeitige Meeresvorstöße dolomitische Kalksteine (z.B. „Grenzdolomit") hinterließen.

Der **Mittlere** Keuper beginnt mit einer Abfolge grauer und roter Mergelsteine, in die Anhydrit führende Schichten zwischengeschaltet sind: „Unterer Gipskeuper" (Grabfeld-Formation). Sie wurden in übersalzenen Endseen abgesetzt, können aber auch durch Meerwassereinbrüche entstanden sein, unter anderem belegt durch die Muschel *Myophoria kefersteini,* die in einer dolomitischen Kalkmergelbank gefunden wurde. In oberflächennahen Vorkommen liegen die Anhydrite meistens zu Gips umgewandelt vor, wie in der Umgebung von Erfurt (Gipsleben).

Darüber folgt dann der „Schilfsandstein" (Stuttgart-Formation), der in ausgedehnten Schwemmlandebenen, verflochtenen Flüssen und Süßwasserseen abgesetzt wurde und weite Bereiche des Germanischen Beckens bedeckte. Lokal sind Pflanzenfossilien (u.a. Schachtelhalmgewächse wie *Equisetites arenaceus*) zu finden. Die gewaltigen Mengen an Sand wurden über Flüsse vom skandinavischen Festland bis nach Süddeutschland transportiert. In den dazwischen liegenden Seen und Überschwemmungsebenen wurde Ton und Schluff abgesetzt (106).

Der „Oberer Gipskeuper" (Weser-Formation) beginnt mit anhydrit- und gipsführenden roten Tonmergelsteinen, die von dolomitischen Mergeln (Lehrbergschichten) mit fossilführenden Dolomitbänken überlagert werden. In den bunten Mergeln darüber sind die „Heldburggipse" eingeschaltet (112). Werden diese abgelaugt, sind Erdfälle möglich, genau wie im „Unteren Gipskeuper".

Als jüngste Einheit des Mittleren Keupers folgen die „Steinmergel" der Arnstadt-Formation. Sie besteht aus rotbraunen bis grauvioletten Tonsteinen, in die zahlreiche zentimeter- bis dezimeterdicke dolomitische, teilweise verkieselte Mergel und zwei dolomitische Sandsteinbänke (Mühlburg-Bank) eingeschaltet sind (111). Für die Entstehung dieser „Steinmergel" werden temporäre Seen angenommen, die zeitweise verlandeten (Wurzelböden und Sandsteine).

Der **Obere** Keuper (Exter-Formation) ist von gelben, oft meterdicken Sandsteinbänken geprägt, die mit Ton- und Siltsteinen wechsellagern, gelegentlich auch mit pflanzenführenden Sandsteinlagen. Während zunächst limnisch-brackische Ablagerungsbedingungen vorherrschten, werden die mächtigen Sand- bzw. Tonsteine des oberen Rhätiums als Delta- bzw. Prodeltabildungen interpretiert (114). Die Meereseinbrüche kamen diesmal aus dem Norden und führten zur Ablagerung des weit verbreiteten Rhätsandsteins mit der leitenden Meeresmuschel *Rhaetavicula contorta*. Vollmarine Bedingungen sind dann durch die Ammoniten führenden jurazeitlichen Tonsteine („Liastone") darüber belegt (114).

Die Keuperlandschaft des Thüringer Beckens wird von weiträumigen Talniederungen und flachen Höhenrücken bestimmt (105), die von teilweise breiten Schotterterrassen des Pleistozäns und lokalen Travertinlagern überdeckt sind. Im Folgenden werden die Keupervorkommen im weiteren Umfeld von Erfurt, den weiter nördlich gelegenen Vorkommen bei Kindelbrück-Großmonra, der Drei Gleichen-Region, dem Seeberg bei Gotha und bei Altengöttern betrachtet. Die bunten Abfolgen aus Sand-, Ton- und verschiedenen Evaporitgesteinen spiegeln mehrfach wechselnde marin-brackisch-, limnisch-, lagunär- und fluviatile Ablagerungsbedingungen während der Keuperzeit wider (106–108).

In früheren Zeiten wurden Sandsteine des Unteren und Mittleren Keupers in zahlreichen kleinen Brüchen im westthüringischen Becken abgebaut. Man kann sie heute noch in vielen Mauerwerken der Region finden. Die ehemaligen Sandsteinbrüche wurden jedoch fast alle verfüllt oder sind stark überwachsen. Die einzige Ausnahme bildet der Kammerbruch bei Gotha (114). Hier wird gelegentlich der Rhätsandstein abgebaut, u.a. um Ausbesserungsarbeiten an historischen Gebäuden durchführen zu können.

Der Untere/Mittlere Keuper in und um Erfurt

Die im Zentrum des Thüringer Beckens gelegene Landeshauptstadt Erfurt wird von der Gera durchflossen und liegt größtenteils auf Keuperuntergrund. Im Zentrum wurde die Zitadelle Petersberg auf „Oberem Gipskeuper" (Weser-Formation) bzw. Schilfsandstein (Stuttgart-Formation) gebaut. Die Erhebung geht auf eine Bruchscholle längs der Erfurter Störungszone zurück (105c, 108a). Viele historische Fassaden der Altstadt sind durch feinkörnige Unterkeuper-Sandsteine („Lettenkohlensandstein", Erfurt-Formation) und des Schilfsandsteins geprägt; beide sind jedoch oft schwer unterscheidbar. Am Dom wurde der gröbere Rhät- und Buntsandstein verbaut. Erfurt steht namengebend für die älteste Formation der Keuper-Gruppe, die Erfurt-Formation. Leider sind im Stadtgebiet kaum noch Aufschlüsse vorhanden. Dies gilt auch für die Typuslokalität dieser Formation an der „Egstedter Trift" im Stadtteil

105: a: Blick auf das flache Keuperbecken nordwestlich von Erfurt und den Höhenzug der Finne (grüner Pfeil). Aus Feldern mit Tonen der Schwellenburg-Mergel (Weser-Formation) ragt ein quer verlaufender Hügel aus Heldburg-Gips (von Trockenrasen bedeckt). Der Gipsaufbruch am Steinberg bei Elxleben liegt im „Oberen Gipskeuper" (Weser-Formation) und verläuft an der Erfurter Störungszone (SZ). b: Gips und grauer Ton im frischen Anschnitt. c: Der Panoramablick von 106a (grün) in Bezug zu den Störungszonen des Thüringer Beckens. Das blaue Rechteck markiert die Lage der Drei Gleichen, die im Wachsenburg-Graben liegen (109), der zur Eichenberg-Saalfelder SZ gehört.

106: Übereinander gestapelte, rinnenförmige Schrägschichtungskörper kennzeichnen den Schilfsandstein (Stuttgart Formation) in der ca. 6 m hohen Aufschlusswand bei Großmonra. Im Detailfoto sind innerhalb der fluviatilen Rinnen Streifenmuster erkennbar, die auf wechselnde Korngrößen von fein- zu mittelkörnigen Sandsteinen zurückzuführen sind. Sie spiegeln kurzzeitige Schwankungen der Strömungsenergie im Flussbett wider. Die braunen Lagen an der Rinnenbasis entstanden als Tontrübe, die bei Überschwemmungen abgesetzt wurde.

107: In der Tongrube bei Altengöttern werden die Tone der Weser-Formation („Rote Wand“) abgebaut. Dazwischen graue gips- bzw. tonführende Lagen. Betreten nur mit Genehmigung!

Melchendorf. Dort wurde die Grenze zwischen dem Muschelkalk und dem Keuper definiert. Derzeit ist der Aufschluss schwer zugänglich.

Erfurt ist umgeben von landwirtschaftlich genutzten Flächen, die auf fruchtbaren Keuperböden, vermischt mit glazigenen Sedimenten, stehen. In der Vergangenheit waren auch Tongruben und Ziegeleien im Mittelkeuper (mit der Grabfeld-Formation an der Basis) des Erfurter Raums von wirtschaftlicher Bedeutung. Heute sind die meisten Gruben, z.B. diejenigen bei Gispersleben und bei Elxleben, nahezu vollständig verfüllt. Gleiches gilt für den Gipsabbau, der an übertägigen Abbaukanten am Steinberg zwischen Elxleben und Witterda noch in Resten zu sehen ist (**105a**, **b**). Die langgestreckten Gipsvorkommen wurden hier an der Erfurter Störungszone tektonisch herausgehoben (**105c**). In Elxleben zeugen weithin sichtbare Schornsteine von historischen Brennöfen, in denen fossile Kalkböden (Calcisole) und Gipsmergel zu „Elxlebener Sparputz“ gebrannt wurden. Zwischen Erfurt und Mühlhausen erstrecken sich bis zur Hainleite im Norden und bis Ohrdruf im Süden die von Muschelkalkgebieten umschlossenen weiten Ebenen des westlichen Thüringer Beckens (**1**). Hier finden sich vornehmlich weiche, tonreiche Ablagerungen des Unteren und Mittleren Keupers. Die Erfurter Störungszone läuft nördlich der Fahnerschen Höhe im Keuper aus (**105c**).

Morphologisch treten im unteren Teil des Mittelkeupers die bis zu 20 m mächtigen Sandsteine der Stuttgart-Formation hervor, insbesondere die im Nord- und Süddeutschen Becken weit verbreiteten Schilfsandsteine. Während des mittleren Karniums transportierten riesige Flusssysteme ihre Sandfracht von den skandinavischen Hochgebieten über hunderte Kilometer weit nach Süden[41]. Diese tonig bis sandigen, evaporitfreien Abfolgen wurden mit einer weltweiten feuchten Klima-Episode in Verbindung gebracht („Carnian Pluvial Event, CPE“); nach neueren Untersuchungen wird die Datierung jedoch wieder in Frage gestellt[44].

Einer der schönsten Aufschlüsse im Schilfsandstein Thüringens befindet sich im ehemaligen Steinbruch bei Großmonra. Hier findet man gelbbraune, mittelkörnige Sandsteine mit deutlichen Schrägschichtungsgefügen. Die meterbreiten, dezimeterhohen rinnenartigen Strukturen fallen auch dem ungeübten Beobachter sofort auf. Sie resultieren aus verzweigten Flussrinnen, die sich lateral und vertikal verschneiden. Dadurch entsteht ein Muster aus mehrfach übereinander gestapelten Rinnen (**106**). Auf dem frei zugänglichen Gelände sind neben den Sandsteinen auch die unter- und überlagernden Tonsteine der Stuttgart-Formation zu sehen. Innerhalb der ca. 10 m mächtigen Sandsteine ist die Rinnenfazies gut aufgeschlossen. Bei näherer

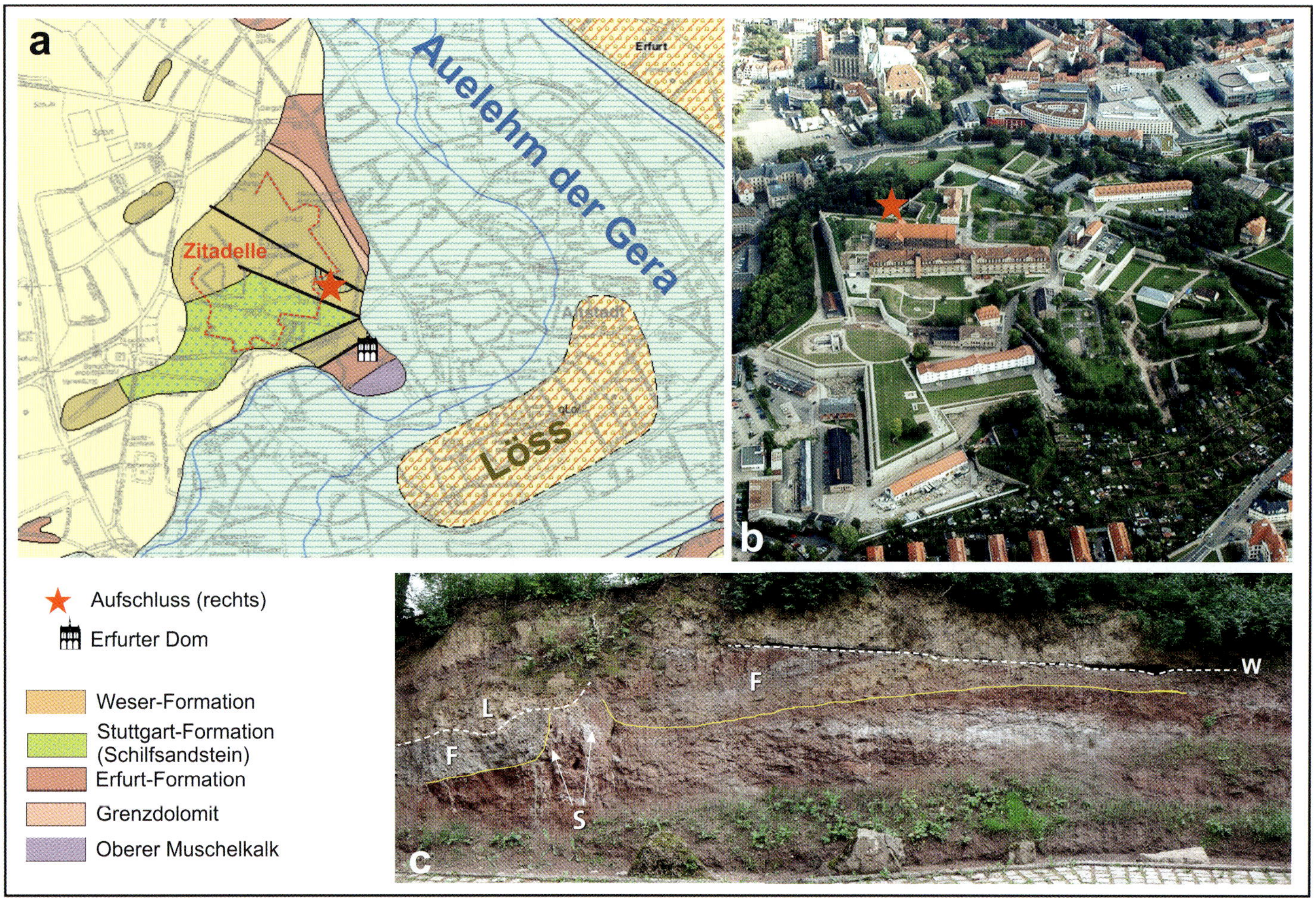

108: Im Stadtzentrum von Erfurt stehen die Zitadelle am Petersberg und der Dom auf Keuper. a. Mitten durch den Stadtkern verläuft die Erfurter Störungszone, markiert durch schwarze Linien auf der geologischen Karte (Ausschnitt aus 1:25000, 5032-Erfurt, TLUG). b: Luftbild aus nördlicher Richtung auf die Zitadelle und den Dom; der rote Stern zeigt die Lage des Keuperaufschlusses in c (GNU Free Documentation License 1.2). c: Aufschluss am Rundweg unterhalb der Zitadellenmauer. Die roten und grüngrauen Silt-, Ton- und Mergelsteine der Schwellenburg-Mergel (Weser-Formation, Mittelkeuper) werden von quartären Fließerden und sandigen Kiesen (F) überlagert, darüber stellenweise auch Löss und Lösslehm (L). Glaziales Bodenfließen (Solifluktion) führte zur Aufwölbung (S). Die markante Fuge (W) mit Kies- und Schlackenresten markiert eine historische Wegbefestigung. Darüber folgt künstlich aufgeschüttetes Lockermaterial.

Betrachtung sieht man in den Rinnen enge Wechsel von Fein- zu Mittelsandlagen. An der Basis treten auch einige dünne, dunklere Lagen aus tonig-siltigem Material hervor (106).

Am Roten Berg bei Altengöttern (zwischen Mühlhausen und Bad Langensalza) werden in einer ausgedehnten, ca. 30 m tiefen Grube Tone abgebaut (Betreten nur mit Genehmigung möglich). Als keramische Rohstoffe werden sie zu Klinker und Ziegeln verarbeitet. In den leuchtend roten Abbauwänden finden sich zwischengeschaltet graue kalk- und gipsführende Lagen (107). Die Abfolge wird stratigraphisch zur Weser-Formation („Rote Wand"), bzw. zu den oberen tonigen Folgen des darunter liegenden Schilfsandsteins der Stuttgart-Formation gestellt. Bei den Rotsedimenten der Schwellenburg-Mergel und der „Roten Wand" handelt es sich überwiegend um feine Schwemmfracht, die in großen, mitunter übersalzenen Seen abgesetzt wurde. Eindeutige Meeresfossilien fehlen. Die flachen, lagunenartigen Gewässer schrumpften bei vorherrschend trocken-heißem Klima. Dadurch entstanden von den Rändern bzw. von Hochlagen ausgehend Böden, die als pedogen überprägte Calci- und Gypsisole interpretiert werden. Mächtige Evaporitlager sind in Form der „Heldburg-Gipse"(112-1) am Top der Weser Formation anzutreffen.

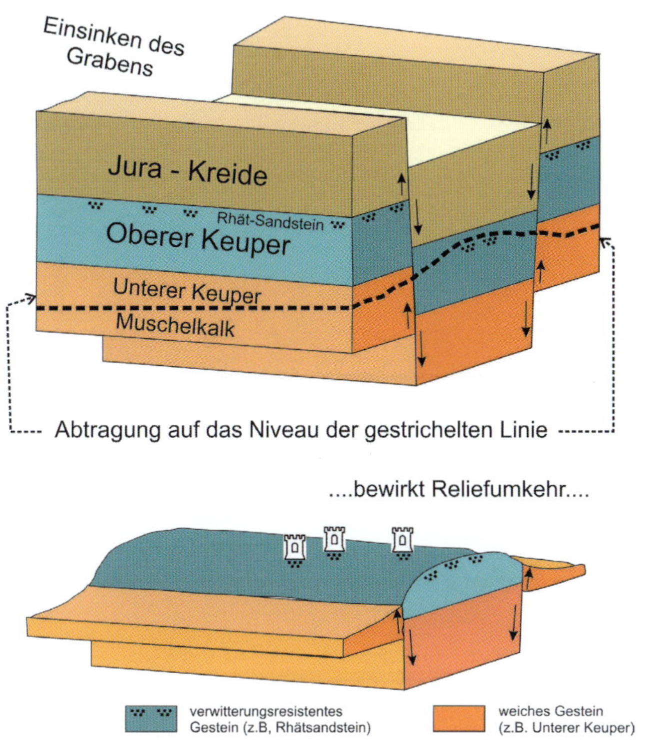

109: Modell zur Refliefumkehr im Bereich des Wachsenburg-Grabens und der Drei Gleichen-Region (vgl. 106c). Die ursprüngliche Grabenverfüllung wurde im Zuge tektonischer Heraushebung (Inversion) ab der Oberkreide zunehmend freigelegt. Heute überragt der einst tiefer gelegene Graben die Oberfläche.

Die Arnstadt-Formation um die Drei Gleichen

Das weithin sichtbare Burgenensemble der Drei Gleichen prägt das abwechslungsreiche Landschaftsbild nordwestlich von Arnstadt (104, 110).

*Zwei geologische Besonderheiten trugen zur Entstehung der drei steil aus der Ebene aufragenden Burgen bei: **a.** Alle drei Burgen stehen auf einem Sandsteinsockel aus Rhätsandstein (Oberkeuper). Dieser „Sandsteindeckel" schützte die verwitterungsanfälligen unterlagernden Tonsedimente der Arnstadt-Formation und verhinderte, dass sie auf die Höhe der umliegenden Ebenen abgetragen wurden. **b.** Zum anderen liegen sie im „Wachsenburg-Graben", einem Teilabschnitt der 150 km langen Eichenberg-Gotha-Saalfelder Störungszone (vgl. 4, 105c, 109). Dieser Graben wird heute durch die höchsten Erhebungen der Landschaft nachgezeichnet (Reliefumkehr). Zur späten Kreidezeit (vor ca. 60 Millionen Jahren) brachen mesozoische Gesteine und mit ihnen die Rhätsandsteine um mehrere 10er bis*

110: Von der Mühlburg blickt man auf die Burg Gleichen (Wanderslebener Gleiche). Sie steht auf Rhätsandstein. Am Hang darunter rötlich-graue „Badlands" der Arnstadt-Formation. Davor liegen Seen und Salzsümpfe im breiten Gleichental. Sie sind auf Gips- und Anhydrit im Untergrund zurückzuführen.

111: Unterhalb der Mühlburg sind rote Tonsteine der oberen Arnstadt-Formation angeschnitten. Zwei weiße Kalkmergelbänke werden als pedogene Krusten interpretiert. Sie entstanden durch kapillaren Aufstieg von Bodenwasser und anschließende Verdunstung in einem ariden Klima. Die obere, ca. 40 Zentimeter hohe „Mühlburg-Bank" (rechts vergrößert) wird als überregionale Diskordanz interpretiert, die über hunderte Kilometer verfolgbar ist.

112: Die Wachsenburg steht auf kompaktem Rhätsandstein. Darunter liegen die Tonmergel der Arnstadt-Formation, die sich bis zur Oberkante der Heldburg-Gipse am Top der Weser-Formation (Pfeil 1) erstrecken. Das Detailfoto zeigt hellgraue und rote Tonmergel mit weißen pedogenen Kalkkrusten. Die vegetationslosen Hänge bilden die „Badlands". Pfeil 2 zeigt auf den Wachsenburg-Sandstein.

100 m im Graben ein. Später wurden im Zuge tektonischer Heraushebungen die Gesteine vom Alttertiär bis zur Obertrias in der gesamten Region abgetragen. Dabei wurde auch der harte Rhätsandstein im Wachsenburg-Graben freigelegt, nachdem er über Jahrmillionen in der Tiefe geschützt geblieben war (109).

Während des Pleistozäns erhielten die Sandsteinplateaus, auf denen die drei Burgen thronen, ihren letzten Schliff durch glaziale Schmelzwässer. Zudem wurde das Gleichental zwischen Burg Gleichen und Mühlburg durch Auslaugung der Evaporite im Untergrund eingesenkt (110), was durch Vorkommen salzliebender Pflanzen sowie durch Sumpf- und Moorbiotope angezeigt wird. Die morphologische Umkehr im Landschaftsrelief lässt sich an messerscharf begrenzten, steilen Anstiegen über mehrere Kilometer Erstreckung verfolgen. Sie zeichnen die ursprünglich schmalen Grabenränder nach und sind sowohl im Gelände, als auch auf Karten oder Luftbildern sehr gut erkennbar (1, 4). Fast immer schützt der verwitterungsbeständige Rhätsandstein. Auf der Hochfläche des Seebergs bei Gotha sind zudem noch Tonsteine aus dem Unterjura („Liastone") erhalten. An den schroffen Hängen unterhalb der steil aufragenden Burgen finden sich zahlreiche frische Abbrüche, die gute Einblicke in den Aufbau der über 100 m mächtigen Arnstadt-Formation ermöglichen. Die Umgebung der drei Burgen repräsentiert die Typusregion der Arnstadt-Formation (oberer Mittelkeuper). Die auch als Steinmergelkeuper bezeichneten Abfolgen wurden früher in kleinen Gruben abgebaut. Heute sind fast alle verfüllt oder überwachsen. Ihre nährstoffarmen Böden kennzeichnen eine Gras- und Steppenlandschaft, die „Badlands", eine deutschlandweit seltene Landschaftsform.

Die besten Aufschlüsse finden sich unterhalb der Burgen. Insbesondere an den Südhängen werden rote, grüne und graue Tonsteine mit „Steinmergeln" der Arnstadt-Formation angeschnitten (110–112). Die vorherrschend bunten Tonmergel wurden in temporären Seen abgesetzt. Nach deren Eintrocknung entstanden Böden, die zu reifen Vertisolen und Calcisolen führten und heute als Kalkkrusten bzw. knollenführende Mergel vorliegen (111, 112). Einige Kalkkrusten und der Wachsenburg-Sandstein eignen sich für Korrelationen der Arnstadt-Formation. Bei Wandersleben und bei Eisenach wurden in Mergeln der Arnstadt-Formation Reste von *Plateosaurus engelhardti* geborgen, einem der ältesten Dinosaurier Europas. Damit zählen die Fundstellen der Drei Gleichen-Region neben Halberstadt zu den wichtigsten im Mittleren Keuper Mitteldeutschlands. In Süddeutschland wurden diese Saurier häufiger geborgen (113). Der Pflanzenfresser hatte einen kleinen Schädel, der auf einem langen, biegsamen Hals saß. Weitere Kennzeichnen sind die kräftigen Hinterbeine und starken Greifhände mit vergrößerter Daumenkralle. Ausgewachsene Individuen erreichten zwischen 4,8 und 10 m Länge.

Weitere wichtige Saurierfunde im Keuper wurden beim Bau der ICE-Trasse in frischen Anschnitten der Erfurt-Formation bei Arnstadt gemacht[43]. Hervorzuheben sind das gut erhaltene, etwa 1,20 m lange Skelett des Amphibs *Plagiosuschus pustuliferus* und Schädelfragmente mit einem 1,10 m langen Unterkiefer von *Mastodonsaurus giganteus*. Beide sind im Naturhistorischen Museum Schloss Bertholdsburg in Schleusingen ausgestellt.

Der Rhätsandstein des Oberen Keupers (Exter-Formation) um Gotha

Der Rhätsandstein zählt zu den bedeutendsten Werksteinen Thüringens. Jedoch ist er im Thüringer Becken nur in isolierten Vorkommen zwischen Gotha und Arnstadt und bei Creuzburg anzutreffen. Wie im Kapitel „Drei Gleichen“ bereits beschrieben, liegen die Gründe dafür in jüngeren tektonischen Prozessen und lokalen Grabeneinsenkungen. Der Rhätsandstein wurde später wieder freigelegt; so konnte seine ursprünglich viel größere Verbreitung in Mitteldeutschland nachgewiesen werden.

Von Gotha aus trifft man in östlicher Richtung auf zahlreiche ehemalige Steinbrüche, die entlang des Kammes vom Kleinen und Großen Seeberg angelegt wurden. Über Jahrhunderte wurde hier der „Seeberger (Rhät)Sandstein“ abgebaut und in vielen Bauwerken der Umgebung verwendet, wie dem Erfurter Dom. Heute wird diese dickbankig absondernde Sandsteinvarietät nur noch gelegentlich im Kammerbruch abgebaut, den man von einem Wanderweg aus gut einsehen kann. Der Weg lohnt bei Fernsicht auch wegen der ausgezeichneten Panoramablicke auf den Thüringer Wald, mit dem 916 m ü. NN hohen Inselsberg (3). Das Betreten des Steinbruchs ist nur mit Erlaubnis gestattet. Jedoch sieht man vom Weg aus sehr gut auf die etwa 40 m hohe Abbauwand mit den meterdicken Sandsteinbänken der Exter-Formation und den unteren Teil des aktiven Steinbruchs (114).

Am Weg liegen frisch gebrochene Sandsteinblöcke, die hier gefahrlos inspiziert werden können. An verwitterten Oberflächen der gelben, gleichkörnigen Feinsandsteine sind oft aufgearbeitete Muschelschalen zu erkennen. Zudem finden sich auf zahlreichen Schichtflächen Wellenrippeln und massenhaft Grabgänge, die Krebse oder Würmer im unterlagernden Sediment anlegten (115). Die als Krebsbaue gedeuteten Spurenfossilien der Gattung

13: Der Dinosaurier Plateosaurus ngelhardti v. Meyer (heute wird ine bipede Körperhaltung angeommen). Funde von Knochenruchstücken nahe der Wandersleener Gleiche lassen bei zukünftigen rabungen ebenfalls auf Skelettunde dieses Sauropodomorphen offen. Naturhistorisches Museum ürnberg, Foto: J. Kuss.

114: In der Abbauwand im Kammerbruch am Großen Seeberg bei Gotha ist die Trias-Jura-Grenze aufgeschlossen. Zwischen den vier dicken Sandsteinbänken des Rhätium sind dünne Tonsteinlagen eines Prodeltas zu sehen. In der grauen Tonsteinabfolge des Unterjuras kommen harte Kalksandsteinbänke vor. Die braunen Farben im oberen Drittel entstanden sekundär.

115: Die Unterseite einer Sandsteinbank aus dem Rhätium liegt „aufgeklappt" vor und zeigt unzählige Grabspuren von Krebsen oder Würmern, die das unterlagernde Sediment durchwühlt haben. Deutlich treten auch die Kämme von Wellenrippeln hervor.

Thalassinoides werden der flachmarinen *Cruziana*-Ichnofazies zugeordnet[37]. Die überwiegend kieselig gebundenen Sandsteine entstanden in flach-marinen Deltabereichen. Dies wird auch durch die eingeschalteten schwarzen Tonsteine bestätigt, die als feine Tontrübe in Prodeltabereichen zu Zeiten abgesetzt wurden, als sich die sandreichen Deltas zurückverlagerten.

Über den ca. 15 m mächtigen Rhätsandsteinen folgen einige Zehnermeter mächtige schwarze Tonsteine mit Kalkmergeln und Sandsteinen des Unterjuras (**114**). Die Jura-Vorkommen am Großen Seeberg sind sehr bedeutsam, da sie Überbleibsel von Gesteinen darstellen, die ursprünglich das gesamte Thüringer Becken bedeckten.

Zusammenfassung: *Die überwiegend flachen Keuperlandschaften prägen das westliche Thüringer Becken und sind zwischen Erfurt – Gotha – Mühlhausen in der Region 7 (**1**) anzutreffen. In zahlreichen Keuper-Horizonten wurden artenreiche Floren (**116**) nachgewiesen, deren wichtigste Vertreter jüngst für den süddeutschen Raum systematisch zusammengefasst wurden[42]. Viele dieser Formen wurden auch im Thüringer Becken angetroffen. Das Landschaftsbild der Keuperzeit wurde durch ausgedehnte Flusssysteme bestimmt, die sich in einer mehr als 100 km breiten Senke von Nord- nach Süddeutschland erstreckten. Überschwemmungsebenen, Seen und Tümpel säumten breite Flusstäler mit ausgedehnten Mündungsebenen und riesigen Deltas. In allen Bereichen wurde das Ablagerungs- bzw. Erosionsgeschehen durch die ständigen Veränderungen und Schwankungen der Wasserzufuhr gesteuert, die ihrerseits durch Klimawechsel verursacht wurden.*

116: Abdrücke von Farnen (Clathropteris sp.) im feinkörnigen Rhätsandstein. Naturkundemuseum Erfurt, Foto: J. Kuss.

Fortwährend verlagerten sich Flussarme und Deltas seitlich oder tieften sich in ältere Schichten ein. In temporären Süß- und Brackwasserseen sowie in abgeschnittenen Totarmen der Flüsse sammelten sich Tier- und Pflanzenreste an. Daneben wurde bei hoher Verdunstung Gips ausgefällt, der mitunter über mehrere Zehnerkilometer zu verfolgen ist.

Frühe Dinosaurier durchstreiften die flach-sumpfigen Schwemmebenen und Playaseen der mitteldeutschen Keuperlandschaften. Selten sind zusammenhängende Skelette zu finden. Die Mehrzahl der Wirbeltierreste akkumulierte über lange Zeiträume zu Bonebeds („Knochenbrekzien“), in denen massenhaft Knochen und Schuppen erhalten bleiben konnten. Sie sind in der Umgebung der Drei Gleichen und in weiteren lokalen Vorkommen im Thüringer Becken anzutreffen.

117: Blick auf die Mühlburg, die älteste der Drei Gleichen-Burgen. Sie wurde auf und aus Rhätsandstein gebaut, der in den 2018 renovierten Ringmauern mit charakteristisch gelber Farbe hervortritt.

Jüngeres Tafelgebirgsstockwerk (Jura – Kreide – Paläogen – Neogen)

In weiten Bereichen des Thüringer Beckens liegen Triasgesteine direkt unter der Vegetationsdecke und bilden die heutige Landschaftsoberfläche, die jedoch in früheren Zeiten noch von hunderte bis tausende Meter dicken jüngeren Ablagerungen bedeckt war. Dies kann aus lokalen Vorkommen von Unterjura- bzw. Oberkreidegesteinen abgeschätzt werden, die im Wachsenburg-Graben (109) bzw. im Worbis- und Holunger Graben (119) erhalten blieben.

Die marinen Fossilien aus dem Unterjura (Hettangium–Toarcium) vom Großen Seeberg bei Gotha und weiteren Reliktvorkommen sprechen für eine Meeresbucht zwischen dem Böhmischen Massiv und der Rheinischen Masse. Die Küstenlinie dürfte in Ostthüringen gelegen haben. Lokale Vorkommen von Opalinuston (Unter-Aalenium) bei Wandersleben könnten eventuell auf das ursprüngliche Vorhandensein noch jüngerer Juraschichten im westlichen Thüringer Becken hinweisen[45]. Jedoch fehlen echte Belege dafür, ebenso wie für Ablagerungen aus der Unteren Kreide. Erst für die Oberkreide liegen wieder einige eng begrenzte Nachweise im Bereich der Ohmgebirgs-Grabenzone vor (4, 119). In zwei schmalen, NNO–SSW verlaufenden Grabenstrukturen (Worbis-Graben und Holunger Graben) blieben ca. 45 m mächtige Kreideablagerungen (Cenomanium) erhalten. Das Kreidemeer dürfte bis an den Südrand des Thüringer Beckens gereicht haben[47,48].

Jura

Die leicht verwitterbaren Gesteine des Unteren Juras sind in Thüringen nur in Grabenstrukturen erhalten, die zum einen entlang der Eichenberg-Saalfeder Störungszone südlich von Gotha (am Großen Seeberg, an der Apfelstädt und am Röhnberg südlich Wandersleben) liegen, daneben auch innerhalb des Creuzburg-Netraer Grabens NW von Eisenach (4). Am Großen Seeberg ist der Übergang vom Rhätium zum Hettangium sehr gut sichtbar im scharfen Übergang vom hellbraunen Rhätsandstein zu den dunklen Ton- und Siltsteinen mit einigen Kalkmergelbänken des Unteren Juras (114). Ammoniten (u.a. *Psiloceras*, *Arietites*; 118) und Ostrakoden ermöglichten eine biostratigraphische Gliederung der Abfolgen vom Hettangium bis in das untere Sinemurium. Diese sind am Seeberg und am benachbarten Röhnberg mit Gryphaen führenden Kalksandsteinen auf 3–4 m Mächtigkeit kondensiert. Demgegenüber sind bei Eisenach nahezu alle Arieten führenden Biozonen des unteren Sinemurium mit über 50 m Mächtigkeit nachgewiesen[45]. Das Obere Sinemurium liegt in beiden Gebieten mit den 40–50 m mächtigen „Planicosta-Schichten" der *obtusum*-Zone vor. Gleichzeitig endet damit das zusammenhängende Unterjura-Profil in Westthüringen. Sporadische Fossilfunde bei Eisenach/Stregda belegen zwar weitere Stufen des Unteren Jura, jedoch sind keine genaueren Angaben zur Lithologie bzw. Mächtigkeit möglich.

Einzig am Röhnberg bei Wandersleben wurde die Fortsetzung der Unterjura-Abfolge bis in den unteren Mitteljura erschürft[46]; die Aufschlüsse sind heute nicht mehr zugänglich. Etwa 14 m mächtige Kalkmergelbänke des Unteren Pliensbachiums wur-

118: Am Großen Kammerbruch am Seeberg (114) wurde ein Ammonit der Gattung Arietites aus den unterjurassischen „Liastonen" (Sinemurium) geborgen. Phragmokon und Wohnkammer wurden von Austern besiedelt. Links unten ein Gehäuse der Schlitzbandschnecke Pleurotomaria sp.; Naturkundemuseum Erfurt, Foto: J. Kuss.

den mit Ammonoideen, Brachiopoden, Ostrakoden und Crinoiden belegt. Darüber markieren zunehmende Tongehalte den Übergang zur Amaltheenton-Formation (bis ca. 50 m mächtig) mit Ammoniten der Gattungen *Amaltheus* und *Pleuroceras*. Für das Toarcium werden 12–15 m Mächtigkeit angegeben, wobei die unteren 8–10 m in Posidonienschiefer-Fazies vorliegen, mit vier Kalkbänkchen (Stinkkalke, Monotisplatte). Das obere Toarcium wurde als kondensierte Abfolge angetroffen; in den siltigen Tonsteinen darüber wurde noch das basale Aalenium (Opalinuston-Formation) nachgewiesen. Neben den stratigraphischen Befunden wurde auch das tektonische Inventar am Südhang des Röhnbergs dokumentiert und der Verlauf des schmalen Apfelstädt-Grabens beispielhaft belegt[46]. Heute ist dieses Areal größtenteils von quartären Flusssedimenten und Löss bedeckt.

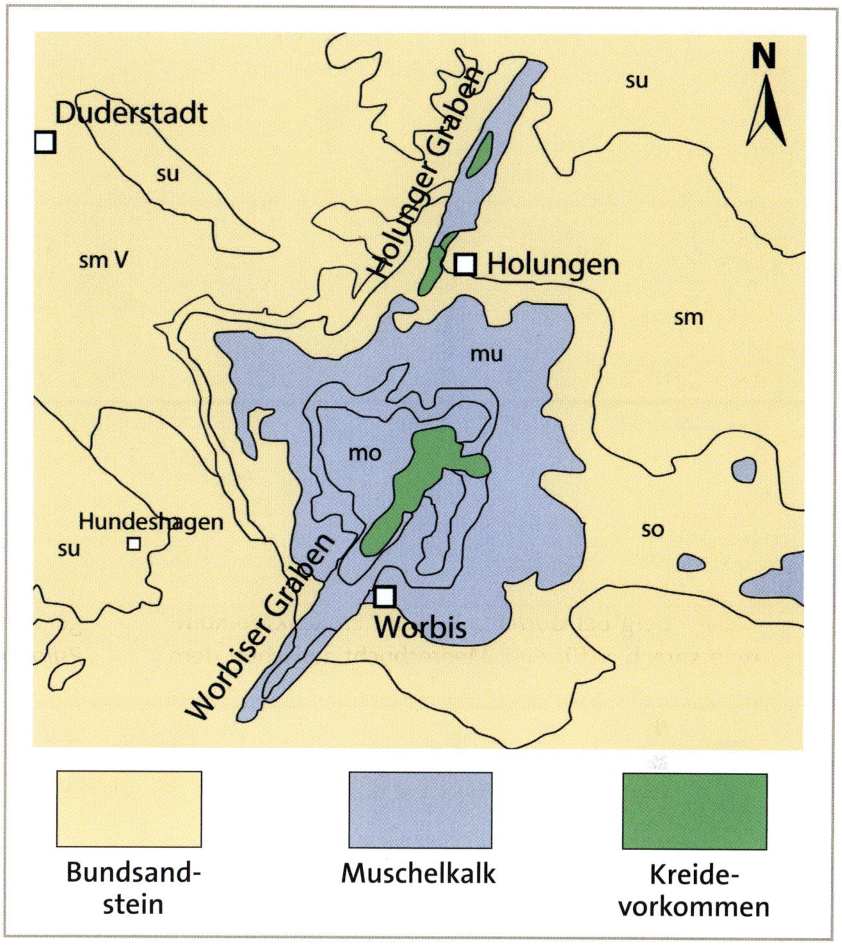

119: Geologische Karte des Worbiser und Holunger Grabens. Mit NNO-Verlauf zeichnen sie die Muschelkalkvorkommen des Ohmgebirges nach. Mit grüner Farbe sind die isolierten Kreidevorkommen westlich Holungen und das Cenomanium nördlich von Worbis dargestellt (1-8, 4).

Kreide

Die Ohmgebirgs-Kreide setzt sich aus sandigen Basalkonglomeraten, glaukonitischen Grünsandsteinen und Schluffsteinen zusammen, die von plattigen Mergelkalksteinen überlagert werden; letztere wurden am Top diskordant gekappt. Die stratigraphische Einstufung in das Unter- bis Mittel-Cenomanium erfolgte durch Funde von inoceramiden Muscheln, Belemniten, Seeigeln und Foraminiferen. Nach diesen Befunden wurden zwei Transgressionszyklen im Unter- und ein dritter im Mittel-Cenomanium postuliert[46].

Paläogen und Neogen

Während des Paläogens und Neogens herrschten in Mitteldeutschland lang andauernde Festlandszeiten. Mit Ausnahme der Braunkohlebecken sind Ablagerungen meist nur als reliktische Kiese, Sande, Tone und Quarzite nachgewiesen. Das Geiseltal-Becken am NO-Rand des Thüringer Beckens (1, 4) entstand durch eine Kombination von tektonischen, halokinetischen und subrosiven Bewegungen in der Oberkreide und im Paläogen. Im Eozän wurde eine Serie von limnisch-fluviatilen Kiesen, Sanden, Schluffen und Tonen mit 60–80 m, lokal bis zu 120 m mächtigen Braunkohlenflözen abgesetzt. Sie belegen, zusammen mit zahlreichen Fossilfunden (Urpferde, Schildkröten, Amphibien, diverse Insekten und Floren) die Umweltbedingungen im Eozän. Viele Exponate des Geiseltalmuseums in Halle bieten Einblicke in die Lebewelt (https://www.naturkundemuseum.uni-halle.de/sammlungen/geiseltal_sammlung/). Heute trifft man in den ehemaligen Tagebaugebieten auf eine Seenlandschaft und die Braunkohlenindustrie ist ein Stück gelebter Geschichte dieser Region.

Zusammenfassung: *Die lokalen Jura-, Kreide- und Paläogen-, Neogenvorkommen der Region 8 (1) sind nur als relikthafte Gesteinsabfolgen überliefert. Ursprünglich dürfte nahezu im gesamten Thüringer Becken eine mehrere 100 m mächtige Jura- und Kreidebedeckung vorhanden gewesen sein, die durch spätere Erosion verloren ging. Die Abtragung bis auf das Niveau der Triasgesteine war im Paläogen–Neogen abgeschlossen, wie die wenigen Überreste känozoischer Schichten zeigen.*

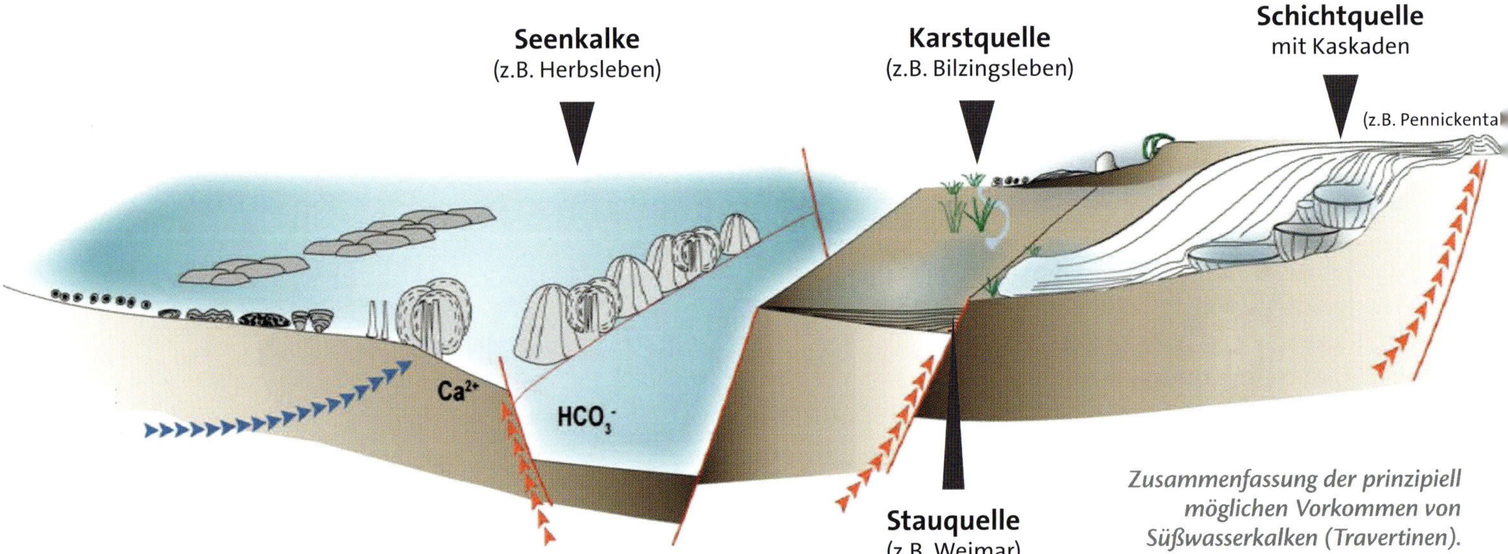

Zusammenfassung der prinzipiell möglichen Vorkommen von Süßwasserkalken (Travertinen). Für Thermalwasserbildungen (rote Pfeile) gibt es im Thüringer Becken keine Belege (umgezeichnet nach[47]).

Travertine im Thüringer Becken

In einer Festungsanlage auf dem Johannisberg bei Jena wurden in der jüngeren Bronzezeit (1.220–800 v. Chr.) Travertinplatten aus dem nahe gelegenen Pennickental verbaut und belegen die früheste Verwendung dieses Gesteins in Thüringen. Spätere Nachweise sind aus der Hallstattzeit dokumentiert. Ab dem 12. Jahrhundert sind Travertine häufig als Baumaterial von Burgen, Kirchen und Schlössern zu finden (u.a. in Weimar, Mühlhausen, Bad Langensalza).

Heute sind die meisten Travertinsteinbrüche verschüttet oder zugewachsen. Aktuell findet nur noch in Bad Langensalza und gelegentlich in Weimar-Ehringsdorf bzw. in der Umgebung von Gräfentonna Abbau statt. Ganz in der Nähe werden bei Herbsleben lockere Travertin-Varietäten, Mergel sowie Sumpf- und Seekalke als Düngemittel abgebaut.

Wie entstanden die Thüringer Travertine?

Travertin oder Kalktuff bezeichnet landläufig eine Kalksteinvarietät, die in Karstgebieten, wie den Muschelkalk Landschaften Thüringens, weit verbreitet vorkommt und vorwiegend in jüngeren Zeiten (Pleistozän–Holozän) entstand. Regen- und Grundwässer lösen die Kalkgesteine sowohl oberflächlich als auch im Untergrund über viele Jahre, was zu Karren, Spalten und Höhlen führt. Dabei löst das Wasser aus dem harten Kalkstein ($CaCO_3$) das lösliche Hydrogenkarbonat (HCO_3), das später anorganisch und/oder organisch (unter Beteiligung von Organismen) als Kalkstein ($CaCO_3$) wieder ausgefällt wird – nun in Form von Travertin. Man geht heute davon aus, dass auch die chemische Ausfällung durch pflanzliche bzw. bakterielle Beteiligung begünstigt wird, da sie für die Fotosynthese Kohlendioxid aus dem Wasser extrahieren, was letztlich wiederum die Ausfällung von Kalk begünstigt. Die neu gebildeten Süßwasserkalke können als poröse Kalkmergel oder als harte, dichte, oft gebänderte Kalksteine (Travertine) abgesetzt werden. Letztere bilden in fließenden Gewässern mitunter kaskadenförmige Sinterterrassen. In stehenden Gewässern ist Travertin bzw. Kalktuff vorwiegend im Bereich schilfreicher Ufer zu finden, während in tieferen Gebieten Seekreiden entstehen. In allen Fällen muss eine stetige Zufuhr kalkübersättigter Wässer gewährleistet sein.

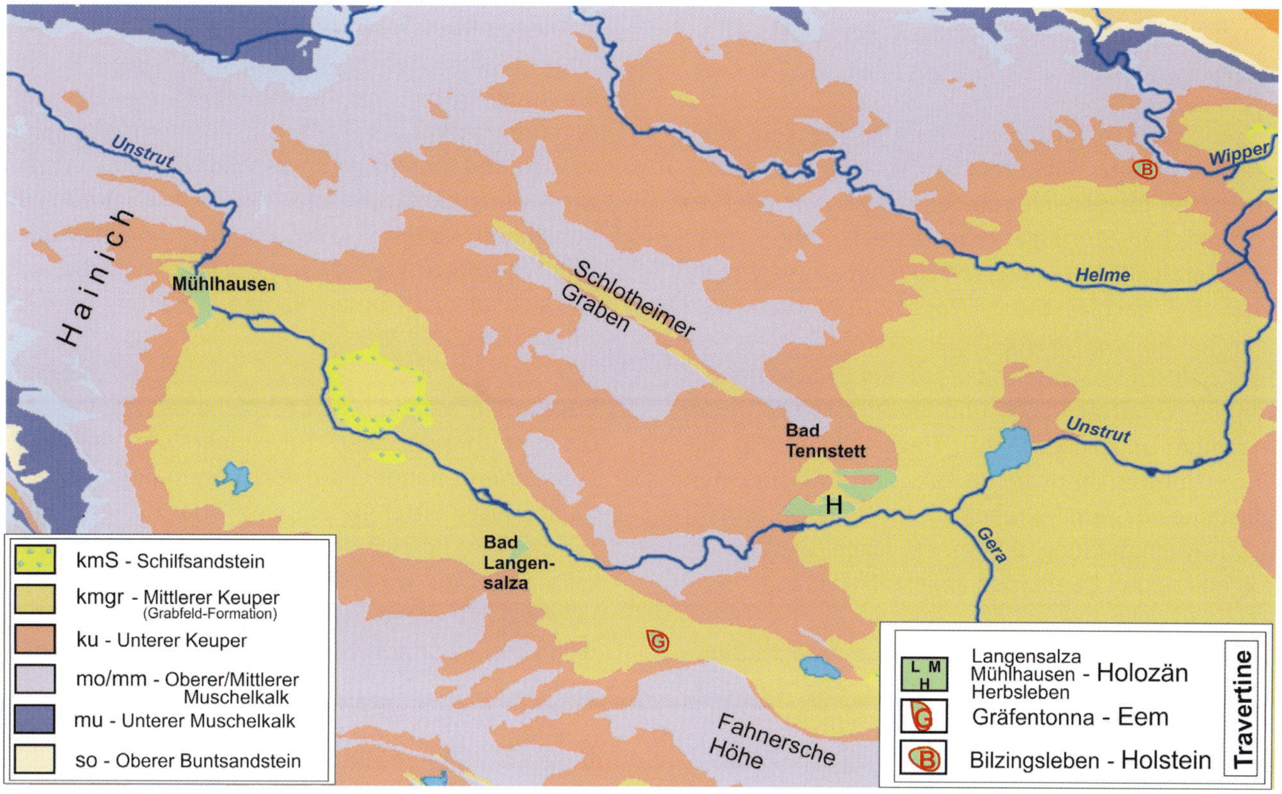

120: Geologische Karte des westlichen Thüringer Beckens (Quelle TLGU). Hervorgehoben sind vier Orte (Mühlhausen, Bilzingsleben, Bad Langensalza und Bad Tennstedt), in deren Umgebung Travertine von besonderer Bedeutung sind.

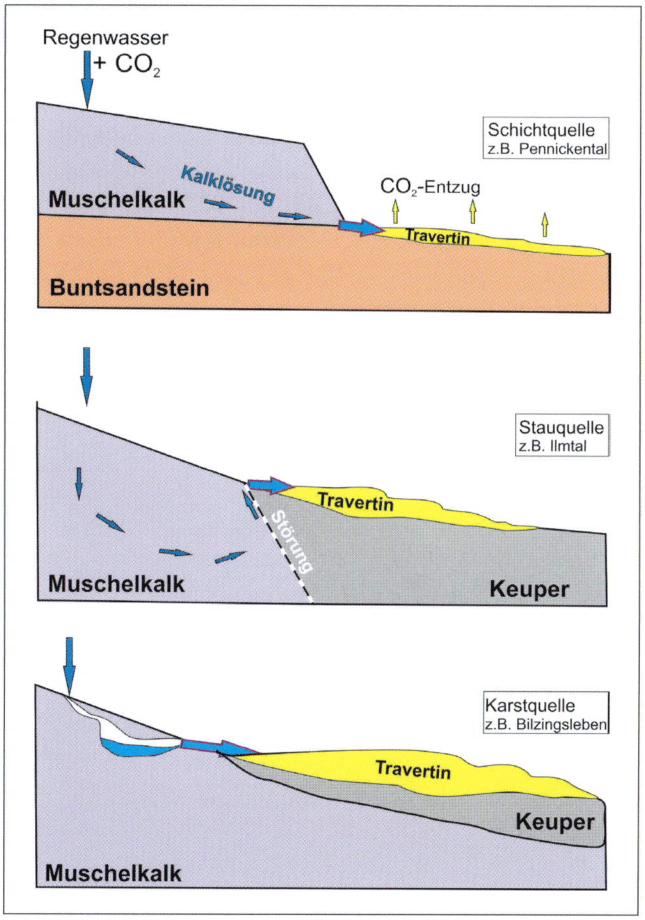

Eine weit verbreitete Klassifikation nichtmariner Karbonatgesteine des in Erlangen tätig gewesenen „Karbonat-Papsts“ Erik Flügel (1934–2004)[50] greift eine Unterscheidung in Kalksinter, Seekalke und Kalktuffe auf, wobei Travertine die Merkmale aller drei Kategorien in sich vereinigen, aber zusätzlich durch ein charakteristisches Inventar an Gesteinstexturen wie Gasblasenporen und spezielle mikrobiell induzierte Kalkkrusten gekennzeichnet sind, die grundsätzlich an mineralisierte Thermalwässer gebunden sind[52]. In diesem Sinne handelt es sich bei den Thüringer Vorkommen nicht um Travertine. Wenn der Begriff „Travertin“ hier dennoch verwendet wird, wird der langen Tradition Rechnung getragen. Travertin wird somit in einem technischen Sinne gebraucht, ähnlich wie „Marmor“ für verschiedenste dekorative und schleiffähige Kalksteine.

121: Die drei häufigsten Quelltypen, die im Thüringer Becken zur Travertinbildung beitrugen. Zuerst findet durch CO_2-reiche Regenwässer Kalklösung im zerklüfteten Gestein statt. Beim Austritt der kalkübersättigten Quellwässer wird unter Beteiligung von Pflanzen und Bakterien CO_2 entzogen, was zur Ausfällung von Süßwasserkalken führt (nach verschiedenen Vorlagen).

Geologie, Fundorte und Alter der Travertine

Die meisten Travertine im Thüringer Becken, auch die noch heute entstehenden, kommen an Quellaustritten im Bereich von Schichtgrenzen oder an tektonischen Störungen vor. Oftmals gehen sie in Seenbereiche mit unterschiedlicher Ausdehnung über. Bei nachlassender Wasserzufuhr, bzw. verstärkter Kalkausfällung treten zunehmend sumpfige (palustrine) Verhältnisse auf. Am Ende verlandeten die sumpfigen Seen und hinterlassen mitunter mächtige und ausgedehnte Travertinlager. Für alle Travertine des Thüringer Beckens sind Kalk- und Mergelsteine aus dem Muschelkalk als Primärgestein für die Travertinbildung anzusehen. Dabei werden die folgenden drei Quelltypen angetroffen (121):

a. Die Mehrzahl der über 200 bekannten thüringischen Travertinvorkommen ist dem Schichtquellen-Typ zuzuordnen, wobei es sich jedoch meist um kleinere, nicht abbauwürdige Travertinlager handelt, besonders in den östlichen Bereichen des Thüringer Beckens[51]. Die Travertine im Pennickental bei Jena gelten als Paradebeispiel für die Bildung von Süßwasserkalken im Bereich einer Schichtquelle: kalkhaltige Wässer aus dem Unteren Muschelkalk wurden auf Tonen des Röts gestaut. Dadurch entstanden Kalk und Sinterterrassen, die kaskadenförmig abgesetzt wurden. Bedingt durch das starke Gefälle und den engen Talquerschnitt erbrachten sie jedoch nur relativ geringe Vorräte an hochreinem Travertin.

b. Der Stauquellen-Typ ist beispielsweise am Rande des Ilmtal Grabens bei Weimar anzutreffen; hier steigen Karstwässer aus dem Oberen Muschelkalk an Störungen auf, die für die Entstehung der bekannten Ehringsdorfer Travertine verantwortlich sind (123, 125).

c. Die größten Travertinlager im westlichen Thüringer Becken stehen im Zusammenhang mit dem Karstquellen-Typ. Die hohen Schüttungsraten karbonatreicher Wässer führten im Zusammenhang mit ausdehnten tonreichen Stauhorizonten (Keupertone) zur Bildung einzelner Lager mit mehr als 1.000.000 Kubikmeter Volumen (120). Daneben sind aber auch kleinere Vorkommen dieses Quelltyps wichtig, wie die archäologisch bedeutsamen Travertine von Bilzingsleben (1-9, 126).

Zusammenfassend bleibt festzuhalten, dass es sich bei den thüringischen Travertinen um eine Kalksteinvarietät handelt, die durch normal temperierte Karstwässer unter Beteiligung pflanzlicher Photosynthese im Bereich der drei genannten Quelltypen entstand. Dies wird im Folgenden an Hand dreier überregional bekannter Travertine dokumentiert, die in drei Regionen des Thüringer Beckens vorkommen (1, 120).

Die meisten Travertine Thüringens wurden im Holozän bzw. während pleistozäner Warmzeiten abgesetzt. Die ältesten Travertine Thüringens, wie diejenigen in Bilzingsleben, im Nessetal bei Gotha und in Ufhoven (Bad Langensalza) entstanden während des **Holstein**-Interglazials.

Die Travertine von Ehringsdorf/Weimar und ein Vorkommen am Talhang der Wipper (Bilzingsleben IV) entwickelten sich während der Dömnitz-Warmzeit innerhalb des **Saale**-Komplexes. In der **Eem**-Warmzeit entstanden im Ilmtal die Travertine von Taubach und Weimar/Ilmpark. Zur selben Zeit wurden auch in Burgtonna, Gräfentonna Mühlhausen und Bilzingsleben V Travertine gebildet. Im **Holozän** entstanden im Thüringer Becken Travertine wie diejenigen in Mühlhausen, Bad Langensalza, Herbsleben, Bad Tennstedt, Weimar-Stadt, Jena-Pennickental und Bilzingsleben VI.

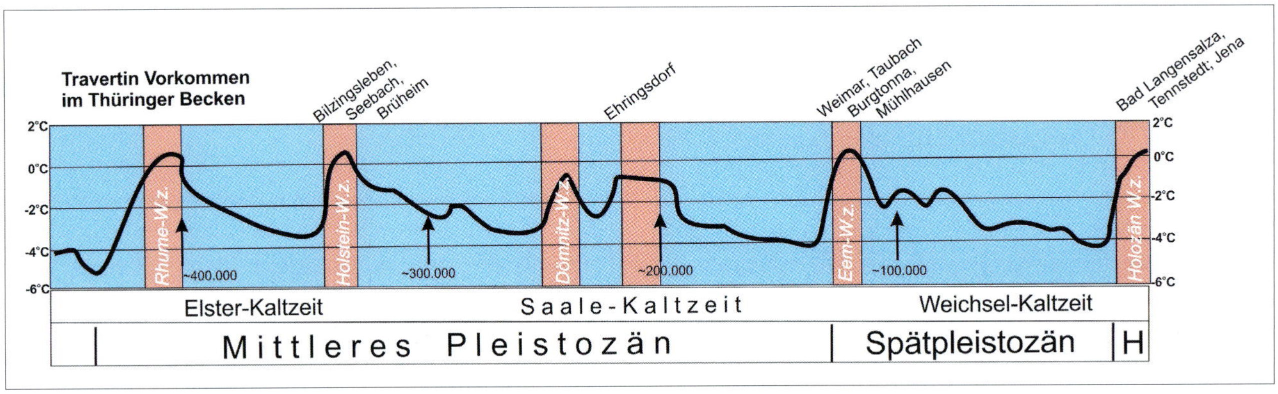

122: Die pleistozänen Travertine des Thüringer Beckens entstanden während verschiedener Warmzeiten (umgezeichnet nach einer Schautafel im Museum für Ur- und Frühgeschichte, Weimar).

Weimar und die Travertine im Ilmtal

Weimar, die Stadt der deutschen Klassik, liegt im Herzen des Thüringer Beckens. Sie wird von der Ilm durchflossen, die vom Stadtzentrum bis zum Schloss Belvedere auf etwa 7 km Länge dem Nordwest-Südost verlaufenden Ilmtal-Graben folgt. Dieser liegt auf der langen Schlotheim-Leuchtenburg-Störungszone, die das Thüringer Becken durchzieht (1, 4). Entlang der terrassengesäumten Talränder sind neben Gesteinen des Oberen Muschelkalks bzw. Unteren Keupers auch drei große pleistozäne Travertinlager zu finden, die früher in verschiedenen Steinbrüchen abgebaut wurden, u.a. im alten Weimarer Stadtzentrum, bei Ehringsdorf und bei Taubach (123), allesamt an den Tal- bzw. Grabenrändern der Ilm liegend. Die frühen elster- und saalezeitlichen Travertine wurden vom Eisrückzug maßgeblich beeinflusst. Die Ilm konnte während der ausklingenden Kaltzeiten in die zuvor vom Inlandeis verschütteten Bereiche nordwärts vordringen (12). Dabei begünstigte der tektonische Graben das Einschwenken des Flusses und mit der zunehmenden Erwärmung setzte auf den Flussterrassen die Travertinbildung ein.

Die Travertine in der Umgebung von Weimar entstanden an kalkhaltigen Quellaustritten des Typs „Stauquelle“ (121, 123) im Zusammenhang mit Störungen des Ilmgrabens. Sie überlagern terrassenförmig ältere Flussschotter bzw. Hochflutlehme. Diese Situation ist im Ilmpark unterhalb des Römischen Hauses eindrücklich zu sehen. Der Übergang von den saalezeitlichen Ilmschottern (ca. 140.000 Jahre) zu den überlagernden eemzeitlichen Banktravertinen ist hier im harten Fels konserviert (124a). Die „Große Parkhöhle“ verläuft bis zu 12 m unterhalb des Ilmparks und stellt eine weitere bekannte Travertin-Lokalität in der Umgebung Weimars dar. Sie geht auf ein Stollensystem zurück, das Ende des 18. Jahrhunderts als Bierkeller angelegt wurde (Besichtigungen sind nur im Rahmen von Führungen möglich). Am gegenüberliegenden Steilufer der Ilm befindet sich die Leutraquelle (124b), die zusammen mit zwei weiteren Stauquellen den Aufstieg kalkhaltiger Wässer an den Rändern des Ilmgrabens belegt.

Die bekanntesten Travertine Weimars befinden sich in Ehringsdorf, etwa 2 km südlich der Altstadt von Weimar (123). Der interne Aufbau des ca. 15 m mächtigen Travertinlagers ist an einer Forschungswand frei zugänglich. Hier kamen bei Steinbrucharbeiten vor über hundert Jahren erste Knochenreste von frühen Neandertalern zu Tage. Neben vielzähligen Tier- und Pflanzenresten wurden im Jahr 1925 die Schädelreste einer 20- bis 30-jährigen Frau aus dem mittleren Paläolithikum entdeckt (125). Im Zusammenhang mit zahlreichen Begleitfunden von Werkzeugen und Beutetieren konnten die Lebensbe-

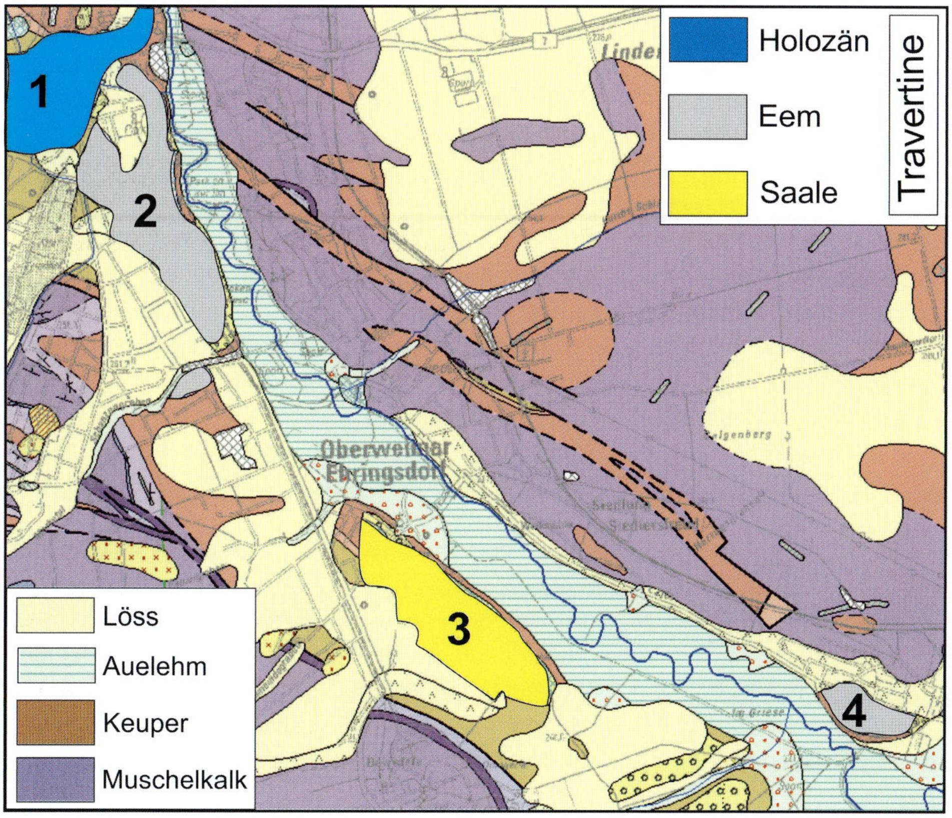

123: Geologische Karte des Ilmtals bei Weimar (umgezeichnet nach TLUG). (1) Holozäne Travertine unterlagern die Altstadt. (2) Eemzeitliche Travertine unterlagern den Ilmpark (3) Dömnitzzeitliche Travertine von Ehringsdorf. (4) Eemzeitliche Travertine von Taubach.

124. Travertine im Ilmpark, Weimar. a: Aus der Hangmauer ragen saalezeitliche Ilmschotter (rechts vergrößert) unterhalb des Römischen Hauses; die darüber folgenden eemzeitlichen Travertine sind vom Pflanzenwuchs verdeckt. b: Die Leutraquelle auf der gegenüberliegenden Talseite repräsentiert eine Stauquelle.

dingungen der „Ehringsdorfer Altmenschen" rekonstruiert werden. Die Fundorte lagen, ähnlich wie in Bilzingsleben, in der Nähe einer Karstquelle. Diese bot sowohl sauberes Trinkwasser als auch die Möglichkeit, hier Tiere an deren Tränke zu jagen. Unter anderem wurden Reste vom Waldnashorn, Waldelefant, Rothirsch und Bär nachgewiesen. Die Ehringsdorfer Großwildjäger zerteilten die erlegten Tiere auf den trockenen Travertin-Terrassen, wo sie auch ihre Lagerfeuer entzündeten. Reste davon blieben in mehreren schwarzen Brandschichten des Unteren Travertins erhalten (125). Die Forschungsgeschichte und die im Laufe der Jahre geborgenen warmzeitlichen Knochen- und Pflanzenreste wurden von Steiner zusammengefasst[56].

Die Travertine von Bilzingsleben und die ersten Menschen in Mitteldeutschland

Die Travertin-Vorkommen bei Bilzingsleben gehen auf kalkübersättigte Schichtquellen aus dem Muschelkalk zurück, die im Mittelpleistozän auf lehmigen Keupertonen in einen kleinen See mündeten. Da die Wasserzufuhr schwankte, kam es zeitweise zu Überflutungen der Uferbereiche. In der Folge überdeckten kalkreiche Wässer die am Hochufer gelegenen Lager von Frühmenschen. Zahlreiche zurückgelassene Werkzeuge und Beutereste wurden im Travertin eingeschlossen. 1969 fand Prof. Dietrich Mania (Weimar) an der Basis des Travertinlagers „Bilzingsleben II" Bruchstücke eines Schädels von *Homo erectus,* der in Europa auch *Homo heidelbergensis* genannt wird[54]. Nach jahrzehntelangen Grabungen und Vermessungen der Fundstelle „an der Steinrinne" konnte eine detaillierte Rekonstruktion der Unterart *Homo erectus bilzingslebeni* und seiner Lebensbedingungen vorgestellt werden[55]. Zudem konnten insgesamt sechs Travertin-Terrassen auskartiert werden, die während pleistozäner und frühholozäner Warmphasen entstanden (122).

Die Steinrinne ist in den frühelsterzeitlichen Talboden einer Grundmoränenbedeckung eingeschnitten, der 35 m über der heutigen Talaue liegt. Durch diesen geologischen Befund konnten die knochenführenden Travertine zunächst in eine Warmzeit zwischen Saale- und Elstervereisung (jüngeres Mittelpleistozän, 122) eingestuft werden. Spätere Versuche, mit Hilfe physikalischer Datierungsmethoden

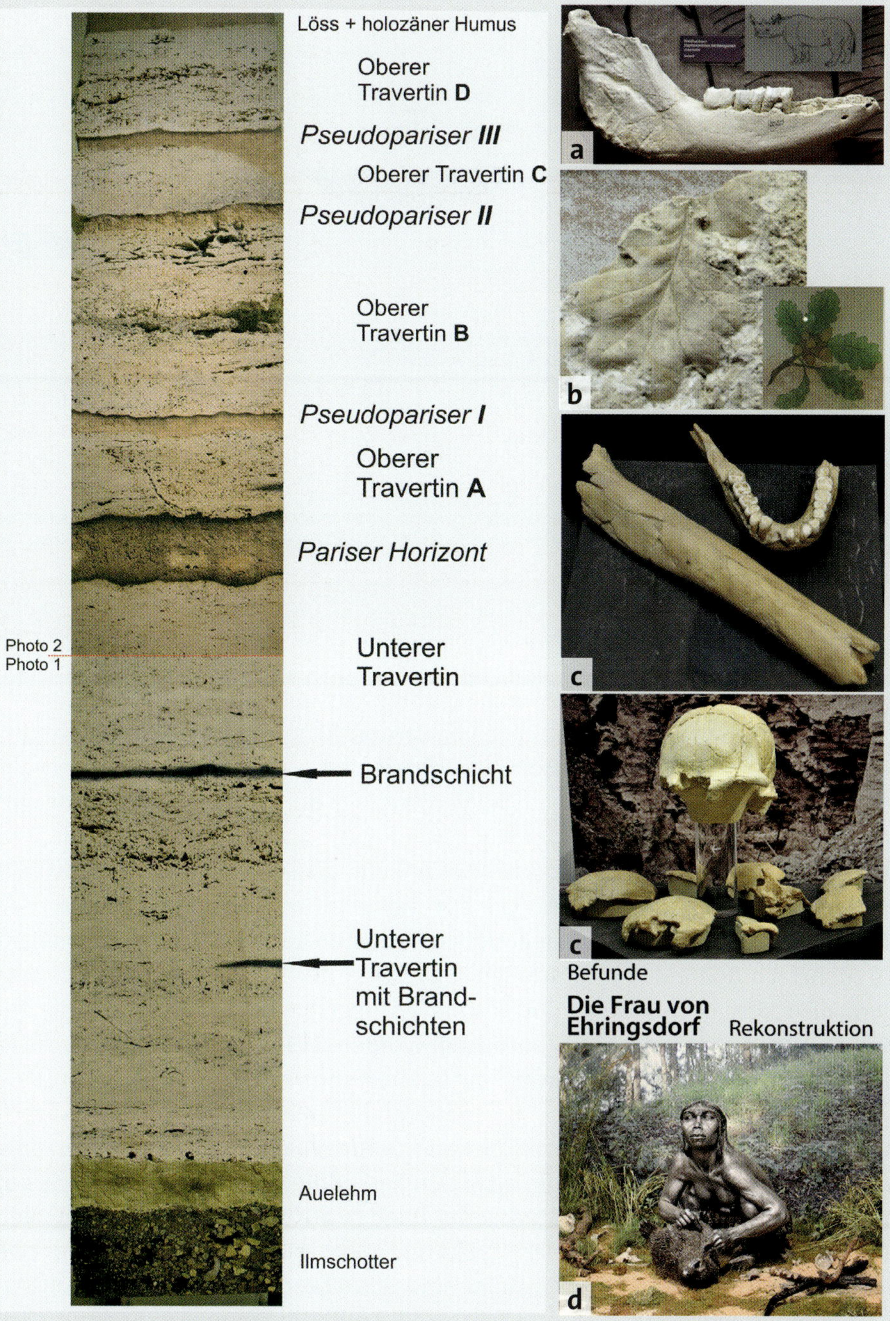

125: Links das Idealprofil der Ehringsdorfer Travertine. Im Steinbruch ist diese Abfolge ca. 15 m hoch (zusammengesetzt aus zwei Fotos, Museum für Ur- und Frühgeschichte, Weimar, Foto: J. Kuss). Die Funde der „Altmenschen" wurden in Brandschichten der Unteren Travertine gemacht. a: Unterkiefer eines Waldnashorns; b: Eichenblatt mit Rekonstruktion; c: Unterkiefer und Unterschenkel eines „Weimarer Altmenschen".

genauere Altersangaben zu erhalten, scheiterten aufgrund des geringen organischen Materials in den Travertinen. Weitere mikropaläontologisch-stratigraphische Befunde ermöglichten in der Folge das Alter der Travertine auf etwa 370.000 Jahre einzugrenzen[53-55]. Der Fundplatz wurde rasch zu einem der weltweit wichtigsten Vorkommen dieser in Europa nur selten nachgewiesenen Spezies. *Homo erectus bilzingslebeni* ist etwa „doppelt so alt" wie *Homo sapiens neanderthalensis* und dokumentiert die ältesten Frühmenschen Mitteldeutschlands. Nach heutigem Kenntnisstand stammen sowohl der Neandertaler als auch der „Jetztmensch" *Homo sapiens sapiens* von der ersten frühen Menschart *Homo erectus* ab, die von Afrika aus nach Europa gelangte und dort auch Mitteldeutschland erreichte.

Die gefundenen Werkzeuge belegen den hochentwickelten sozialen und kulturellen Wissensstand der frühen Bilzingslebener Urmenschen. Die erfolgreichen Jäger nutzten Holzspeere um Elefanten, Nashörner und andere Wildtiere zu erlegen. Es ist anzunehmen, dass derartig große Tiere nur in einer Gruppe erfolgreich gejagt werden konnten. Zudem konnten die Frühmenschen mit Feuer umgehen und teilten den Lagerplatz in Wohn-, Arbeits- und Schlafbereiche ein. Besonders hervorzuheben sind die regelmäßigen Knochenritzungen von Bilzingsleben, die möglicherweise als älteste Belege für abstraktes menschliches Denken gelten.

Weitere Vertreter früher Urmenschen wurden jüngst von der Ilsenhöhle unterhalb der Burg Ranis (Orla-Senke) beschrieben (45). Jüngste Grabungen brachten hier Artefakte der ältesten Vertreter von *Homo sapiens* in Deutschland zu Tage. Mit einem Alter von 45.000 Jahren übertreffen diese Neufunde die bisherige Annahme, dass *Homo sapiens* diese Region erst 5.000 Jahre später erreichte[57].

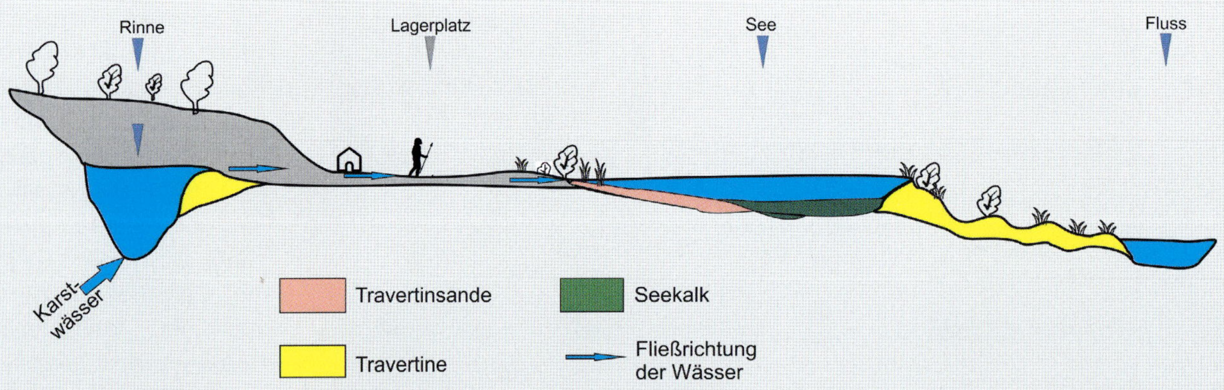

126: Skizze des Frühmenschen-Lagerplatzes am Travertinsee von Bilzingsleben (umgezeichnet nach Mania 2017[55]). Im Zuge der langjährigen Grabungstätigkeiten konnte der Lagerplatz mit zahlreichen Artefakten am breiten Hochufer des kleinen Sees rekonstruiert werden. Auf der gegenüberliegenden Uferseite verschaffte eine wassergefüllte Rinne, die von einer Karstquelle gespeist wurde, eine natürliche Sicherung. Sie führte dem See Wasser zu, das über Sinterkaskaden zum benachbarten Fluss entwässerte. Das mitgeführte Sediment (Travertinsande) wurde zu einem Schwemmfächer aufgeschüttet, der zur allmählichen Verlandung des Sees führte.

Die Travertine in der Umgebung von Bad Langensalza – Mühlhausen

Im westlichen Thüringer Becken begünstigen flacherosive Einmuldungen in weichen Ton- und Feinsanden des Keupers weit ausgedehnte, teilweise stehende Gewässer. Von kalkreichen Wässern durchströmte breite Talbecken und Niederungen wurden öfters überflutet. Dies führte zu mehrfach übereinander abgesetzten Travertinlagern, die später oft als Untergrund für Siedlungen genutzt wurden – einige davon sind noch in alten Stadtkernen zu finden. Zugleich wurden sie als Bausteine gewonnen.

In Bad Langensalza wurden im Tal der Salza, die in den Hängen des Hainichs oberhalb der Stadt entspringt, ausgedehnte holozäne Travertinlager abgesetzt. Die Karstquellen entspringen in ausgelaugten Mergelgesteinen des Mittleren Muschelkalks. Da mitunter die besten Travertine im Stadtzentrum lagen, fand der Abbau oft im städtischen Mittelpunkt statt. Dies führte in Bad Langensalza zu der kuriosen Situation, dass auch heute noch im mittelalterlichen Stadtzentrum (Milchgasse) Travertinabbau betrieben wird (130).

Auch im weiter nördlich gelegenen Mühlhausen entwässert eine kalkübersättigte Erdfallquelle am Osthang des Hainichs in ein flach eingesenktes Tal, dessen Untergrund aus Keuper-Tonsteinen besteht. Die darunter folgenden „Älteren Travertine“ liegen im Bereich der Marienkirche und dem zentralen mittelalterlichen Stadtkern auf einem flachen Höhenrücken aus Gipskeuper (1, 120). Basierend auf Molluskenfaunen, die gut mit denjenigen von Weimar-Ehringsdorf vergleichbar sind, wurden sie in eine vor-eemzeitliche Wärmeperiode gestellt, die Dömnitz-Warmzeit[58].

Die Verbreitung der Travertine im Untergrund der Stadt ist aus historischen Karten und durch zahlreiche Keller sehr gut dokumentiert. Obwohl der Abbau auf Travertin im Stadtgebiet schon lange beendet ist, leuchten dem Besucher auch heute die weißen Travertine der Altstadt bereits aus weiter Entfernung entgegen, gerade als wären sie frisch gebrochen worden (131a). Das gilt auch für alle zwölf mittelalterlichen Kirchen.

Bei näherer Betrachtung lassen die Travertine zahlreiche Strukturmerkmale und Details erkennen, die an vielen Fassadensteinen des mittelalterlichen Stadtkerns wieder auftauchen (131c, e, f). Neben dem typisch großporig-löchrigen Gefüge der hellen Gesteine sind Schneckengehäuse, Röhren von Schilfgewächsen oder mm- bis cm-große runde Kügelchen (Pisoide) erkennbar. Sie dokumentieren das Leben in den kalkübersättigten Binnengewässern während der Warmzeiten, für die auf der Basis von Molluskenfaunen aus Bilzingsleben durchschnittliche Julitemperaturen von ca. 20–22°C angenommen werden, bei einem Januarmittel von 0–2°C[51].

In den Travertinmauern sind auch vereinzelte „Suchsteine“ zu finden: Im frischen Zustand hebt sich der poröse Muschelkalk (131b) praktisch nicht von den umgebenden Travertinen ab. Einzig die Stylolithen und schräggeschichteten Muschelpflaster verraten die gut 240 Millionen Jahre ältere Kalksteinvarietät.

Travertine und Seekreiden zwischen Bad Tennstedt und der Fahnerschen Höhe

Östlich von Bad Langensalza durchfließt die Unstrut eine flache Keuper-Region, die nach Süden von den aufgewölbten Muschelkalkgesteinen der Fahnerschen Höhe begrenzt wird (4, 120). Nördlich dieses tektonischen Sattels wurden die eemzeitlichen Travertine von Burgtonna abgesetzt, die von meterdicken Lössablagerungen bedeckt sind (128). Folgt man dem Flussverlauf etwa 10 km weiter nach Osten, dann öffnet sich am Zufluss der Gera ein weites Becken, das im Holozän von großflächigen Seekreiden bedeckt wurde. Südlich von Bad Tennstedt werden diese kalkreichen Mudden und Tone bei Herbsleben im Tagebau gewonnen (127).

Die quartären Talschotter des Tonnatals sind bei Gräfentonna und Burgtonna von Travertin bedeckt, dessen Entstehung mit der weiter südlichen gelegenen Fahnerschen Aufwölbung verknüpft ist. An dieser tektonischen Sattelstruktur stehen Ton- und Kalksteine des Oberen Muschelkalks an (4, 120). Die innerhalb dieser Struktur gelegenen Mergel des Mittleren Muschelkalks gelangten in oberflächennahe Bereiche und wurden durch Kluftwässer gelöst. In der Folge führte diese Subrosion zur Bildung von Erdfällen und Karstquellen, in deren Nähe es zur Travertinabscheidung kam. Diese blieb auf das Mittlere Pleistozän (Eem-Warmzeit) begrenzt, da spätere (wie auch die heutigen) Karstwässer unterirdisch abflossen. Die Travertine wurden über Flussschottern der frühen Elsterkaltzeit abgesetzt. Ihre Alterseinstufung in das Eem ist durch Fossilfunde gesichert und wird durch weichselzeitliche Fossilien aus den Deckschichten bestätigt.

Die Travertinlager wurden in drei Steinbrüchen abgebaut. Etwa 1 km nördlich von Burgtonna sind in einem stillgelegten Bruch Einblicke in ein massives Travertinlager möglich (120, 128, 129). Der Travertin wird von einer meterdicken Lössschicht bedeckt, die eine erneute Abkühlung dokumentiert.

127: Blick in den Tagebausee bei Herbsleben, wo holozäne Seekreide abgebaut wird (120). Die markante horizontale Schichtung im unteren Bereich signalisiert jahreszeitliche Schwankungen. Häufig sind darin Schnecken anzutreffen (kleines Foto).

128: Die eemzeitliche Travertindecke im aufgelassenen Steinbruch bei Gräfentonna, mit Lössbedeckung.

129: Details mit mehrlagigen konzentrischen Sinterkrusten, die in kleinen Höhlen, innerhalb der Travertine von Gräfentonna (120, 128) entstanden sind.

***Zusammenfassung:** Die Travertine des Thüringer Beckens entstanden während verschiedener Warmzeiten des Pleistozäns durch die Lösung von Kalk- und Mergelsteinen des Muschelkalks (Primärgesteine). Aus den kalkreichen, normal temperierten Karstwässern wurden an Quellaustritten und in Seen, unter Beteiligung pflanzlicher Photosynthese, Kalktuffe und Travertine gebildet, die in verschiedenen Regionen des Thüringer Beckens abgesetzt wurden (Region 9; (1)).*

130: Travertinabbau in Bad Langensalza (Milchgasse). Das meterdicke Hauptlager wird von geschichteten Wechsellagen aus Kalkstein und Ton überdeckt, in die die mittelalterliche Mauergründungen reichen.

Quartäre Schotter, Sande und Löss

Neben harten Kalksteinen (Travertine) die in quartären Warmzeiten entstanden, sind vielerorts auch Ablagerungen der Kaltzeiten überliefert. In vielen Schotter und Sandabfolgen findet man vorwiegend glaziale Gerölle, die durch Flussfracht zu mächtigen Geröllschottern zusammengeschwemmt wurden. Wo sie mehrere Kilometer Breite und 10er Meter Höhe erreichen, wurden und werden sie als wertvoller Zuschlag für Beton und weitere Rohstoffe abgebaut. Über die weichselzeitlichen Schotter in der Umgebung Erfurts wurde in FOSSILIEN 3/22 berichtet. Im weiter nördlich gelegenen Unstruttal werden in der Umgebung von Freyburg Sande und Kiese abgebaut, die in einer stillgelegten Kiesgrube exemplarisch aufgeschlossen sind. Mehrere übereinander liegende Kies- und Grobsandbänke vermitteln hier den internen Aufbau glaziofluviatiler Schüttungen; zudem ermöglicht die Petrographie der Gerölle deren Herkunft zu analysieren.

Es kommen aber auch kaltzeitlich entstandene Lössablagerungen vor, die beispielsweise im Untergrund der Erfurter Altstadt nachgewiesen sind (108a). Oberflächlich anstehend sind sie verschiedentlich anzutreffen, wie etwa die weichselzeitlichen Lösse der alten Ziegeleigrube in Körner (östlich Mühlhausen).

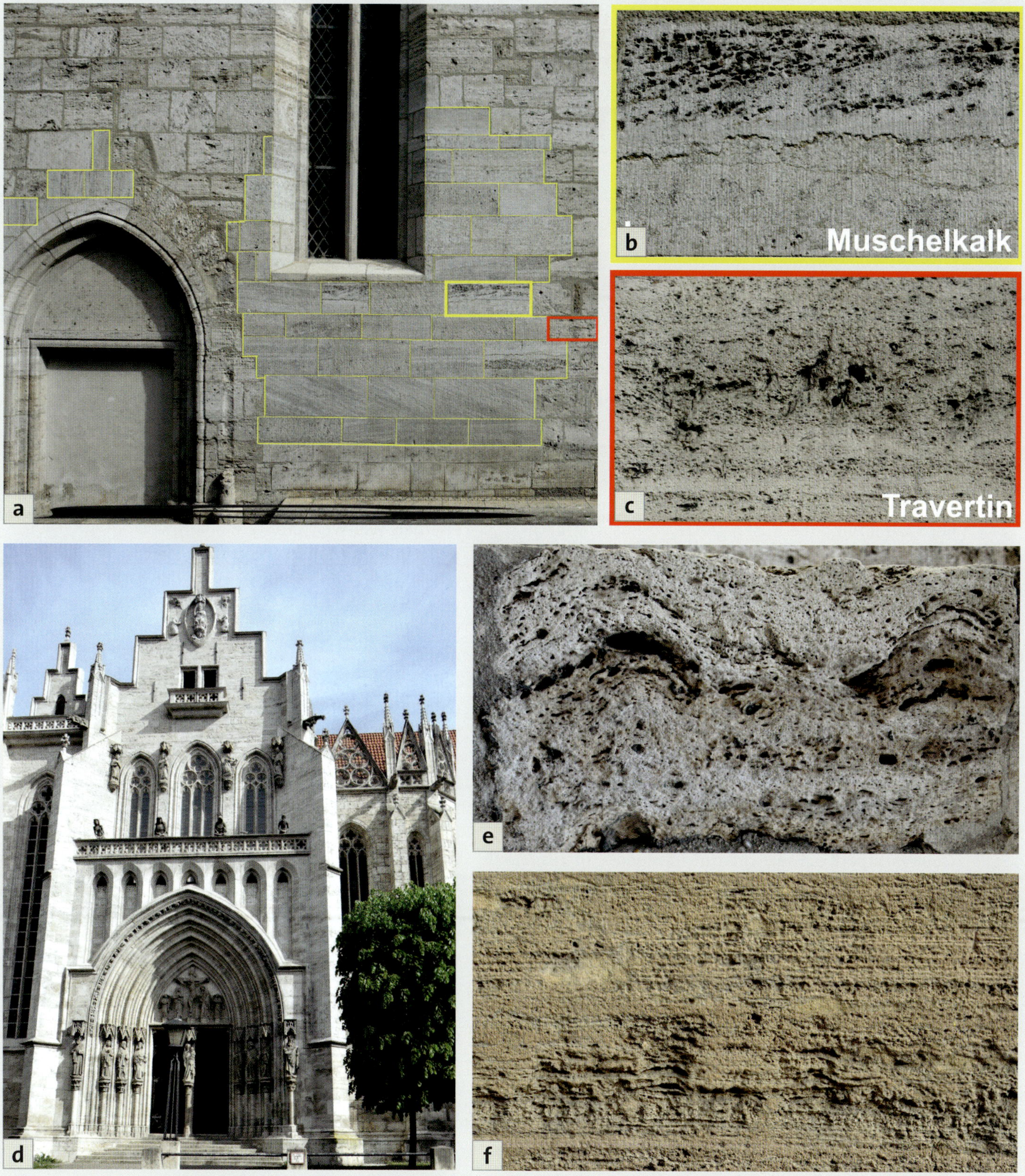

131: Travertine an Kirchenmauern auch in Mühlhausen. a–c: Am Nebenportal der Kornmarktkirche (Bauernkriegsmuseum) wurden bei der Renovierung der Travertinfassade auch Steine des Oberen Muschelkalks eingesetzt (gelb umrandet). Auf den ersten Blick kaum erkennbar, verraten jedoch die Stylolithen (horizontale, gezackte Linie in b) die Trias-Kalksteine. Die porigen Hohlräume des rot umrandeten Travertinblocks bei (c) zeigen ein täuschend ähnliches Gefüge. d–f: Das Portal der gotischen Marienkirche mit feiner Steinmetzarbeit in Travertin. In der Mehrzahl kommen weiße, poröse Werksteine vor. Die Hohlräume bei (e) gehen auf weggelöste Schilfgewächse zurück, mit mikrobiellen Umkrustungen. Seltener sind hellgelbe „Platten-Travertine" anzutreffen (f), deren feine Schichtung auf unterschiedlich stark zementierte Kalksande zurückzuführen ist, die im See zusammengeschwemmt wurden.

Geotope, Geoparks, Höhlen und Museen in Thüringen

Als Geotope werden Felsen, Klippen, Steinbrüche oder sonstige Aufschlüsse bezeichnet, an denen besondere Einblicke in die Erdgeschichte möglich sind. Geoparks vermitteln geologische Besonderheiten einer Landschaft, basierend auf zahlreichen Geotopen.

Geotope und Geoparks

Geotope und Geoparks zeichnen sich durch herausragende geologische, bergbauliche, historische und landschaftliche Besonderheiten aus. Im Thüringer Becken erhielten die Travertine des Ilmtals bei Weimar, die Drachenschlucht bei Eisenach, der Bohlen bei Saalfeld und die Kristallgrotte im Besucherbergwerk Merkers das Prädikat „Nationales Geotop". Des Weiteren auch die Barbarossahöhle im „Geopark Kyffhäuser", die Fossillagerstätte „Bromacker" bei Tambach-Dietharz, das Altensteiner Zechsteinriff und die „Badlands" im Gebiet der Drei Gleichen. Die drei letztgenannten gehören zum „Nationalen Geopark Inselsberg-Drei Gleichen" (https://www.geopark-thueringen.de/), der in die UNESCO-Liste der „Global Geoparks" aufgenommen wurde. Am gegenüberliegenden Nordrand des Thüringer Beckens liegen der UNESCO-Geopark „Harz, Braunschweiger Land, Ostfalen" (https://geopark-hblo.de) und der Geo-Naturpark „Saale-Unstrut-Triasland" (https://www.naturpark-saale-unstrut.de/geopark/). Das Kyffhäuser-Denkmal steht im Zentrum des gleichnamigen GeoParks, der sich von Sondershausen im W über Bad Frankenhausen bis zur Schmücke im SO erstreckt und das Museum „Steinrinne Bilzingsleben", die „Barbarossa-Höhle" bei Bad Frankenhausen und das Erlebnisbergwerk „Glückauf" in Sondershausen einschließt (https://www.geopark-kyffhaeuser.com/). Weitere Informationen zu Geotopen und Geoparks in Thüringen und Deutschland werden von der DGGV (Deutsche Geologische Gesellschaft – Geologische Vereinigung e.V.) online bereitgestellt und ständig aktualisiert (https;//www.dggv.de). Anlässlich des 175-jährigen Bestehens dieser ältesten geologischen Vereinigung wurde eine neue Initiative gestartet, mit dem Ziel, die 30 schönsten Geotope Deutschlands in Videoclips mit Luftbildern und 3D-Animationen zu dokumentieren (www.digitalgeology.de). Im Bereich des Thüringer Beckens wurden 2021 „der große Bergsturz am Dohlenstein (Saaletal bei Kahla)" und 2023 „Der Bromacker" in diese Liste aufgenommen.

Schauhöhlen und Bergwerke

Das südlich des Thüringer Waldes gelegene Erlebnisbergwerk Merkers bietet Grubenfahrten in das ehemals weltweit größte Kalibergwerk. In 500–800 m Tiefe wird man kilometerlang durchs Salz gefahren und trifft dabei auf eine Kristallgrotte mit riesigen Salzkristallen bis zu 1 m Kantenlänge (https://www.erlebnisbergwerk.de/de-de/). Ähnliche Erlebnisse verspricht das Kalibergwerk „Glückauf" in Sondershausen, in dem noch aktive Steinsalzförderung betrieben wird (https://www.erlebnisbergwerk.com/). In einem ehemaligen Bergbaustollen auf Anhydrit kann man heute bei Frankenhausen die Barbarossa-Höhle unterhalb des Kyffhäusers durchwandern, vorbei an eindrucksvollen Gipslappen und unterirdischen Seen (https://barbarossahoehle.de/). Neben der Höhle sollte man das sehenswerte Informationszentrum des GeoParks nicht verpassen; hier wird die erdgeschichtliche Entwicklung des Kyffhäusers multimedial und mit Objekten vorgestellt. Die Burganlage am Kyffhäuser-Denkmal bietet einmalige Ausblicke über das Thüringer Becken; zudem kann man verkieselte Hölzer in den roten Sandsteinen des Oberkarbons betrachten (https://www.kyffhaeuser-denkmal.de/). Die Marienglashöhle bei Friedrichroda bietet entlang eines 100 m langen Stollens Einblick in den einstigen Kupferschieferbergbau, dabei ist die Kristallgrotte mit bis zu 90 cm langen Gipskristallen absolut sehenswert. Gleiches gilt für die Feengrotten in Saalfeld, die in einem ehemaligen Alaunschieferbergwerk liegen. In den Abbauhohlräumen der devonischen Schwarzschiefer entstand eine bizarre Tropfsteinwelt (https://www.thueringen.info/saalfelder-feengrotten.html). Nur wenige Kilometer östlich wurde in Kamsdorf (Orla-Senke) über Jahrhunderte Erzbergbau betrieben. Die weitverzweigten

Strecken sind unterirdisch, auch mit dem Fahrrad, zu erkunden (https://www.besucherbergwerk-kamsdorf.de/). Eine Besichtigung des unmittelbar daneben liegenden Großtagebaus Kamsdorf ist nur mit Anmeldung für Gruppen möglich.

All diese Schauhöhlen und Bergwerke bieten auch Ausstellungen mit instruktiven Beschreibungen und Modellen zum Bergbau und zur regionalen Geologie sowie Gesteins- und Fossiliensammlungen. Zahlreiche weitere Höhlen und Besucherbergwerke Thüringens, die auch im Grundgebirgsstockwerk angelegt sind, wurden in einem instruktiven Bildband zusammengefasst[58].

Museen mit geologisch-paläontologischen Schausammlungen in Thüringen

In Thüringen hat das Sammeln von Gesteinen, Fossilien und Mineralien eine jahrhundertelange Tradition. Als prominentester Vertreter ist Goethe zu nennen, dessen Privatsammlung etwa 18.000 Fundstücke umfasste. Sie ist in nahezu ursprünglichem Zustand in Goethes Wohnhaus und im östlichen Gartenpavillon in Weimar erhalten. Viele Sammler von Fossilien und Mineralien stellten ihre Exponate auch den Museen zur Verfügung. Die wichtigsten wissenschaftlichen Sammlungen von Mineralien und Gesteinen Thüringens sind in den entsprechenden Instituten der Universität Jena zu finden (vorherige Anmeldung erforderlich). Die Lebewelt der Zechsteinriffe im Orlagrund werden in einem kleinen und lohnenswerten Museum auf der Burg Ranis ausgestellt. In der jüngst modernisierten Ausstellung findet man auch Beiträge zur Landschaftsgeschichte im Orlatal und ein sehenswertes seismologisches Kabinett. Jüngst wurden die ältesten Besiedlungsfunde vom *Homo sapiens* (ca. 47.000 Jahre vor heute) in der Ilsenhöhle dokumentiert, die direkt unterhalb des Museums liegt (https://www.museum-ranis.de/). Auch im Rudolstadter Thüringer Landesmuseum Heidecksburg ist eine geologisch-mineralogische Sammlung mit regionalen Exponaten zu finden. Die fossile Lebewelt des oberpermischen Tambach-Beckens kann entlang des Sauriererlebnispfads zwischen Georgenthal und Tambach erkundet werden. Informationstafeln geben Auskunft über das Leben und die Umwelt einiger jüngerer Saurierarten und den frühen Landwirbeltieren vom Bromacker, ergänzt durch zahlreiche lebensgroße Modelle. Zwei Wanderstrecken (3 km und 4,5 km lang) vorbei am Ausgrabungsort der Bromacker-Fossilien (im Sommer aktive Grabungen) verbinden die beiden Orte Tambach und Georgenthal (https://www.georgenthal.de/tourismus/sauriererlebnispfad). Bei weiterem Interesse ist das „Bromackerlab" im Museum Schloss Friedenstein (Gotha) zu empfehlen, wo man Informationen u.a. auch zur Präparation der dreidimensionalen Fossilien erhält (https://www.friedenstein.eu/projekte/bromacker-lab). Im Naturkundemuseum Erfurt finden sich viele Exponate zur Erdgeschichte des Thüringer Beckens, wobei der Schwerpunkt auf den Fossilien und Gesteinen der Trias liegt. Sehenswert ist auch die „Arche Noah", die eine große Anzahl verschiedenster Tiere aus der ganzen Welt beherbergt (https://www.naturkundemuseum-erfurt.de/). Das Geoinfozentrum Kulturscheune Mühlburg präsentiert eine kleine Ausstellung zu Fossilien des Oberen Muschelkalks (betreut durch den Trias Verein Thürin-

Abb.132 Das Saaletal bei Kahla mit der weithin sichtbaren Leuchtenburg und der etwas tiefer gelegenen steilen Felswand am Dohlenstein. Sie ist auf zahlreiche Felsstürze zurückzuführen, verursacht durch das Zusammentreffen zweier Faktoren: tektonische Zerbrechung an der Schlotheim-Leuchtenburg SZ (4) und die Erosion am Prallhang der Saale.

gen e.V.). Daneben kann man sich hier zum UNESCO-Geopark Inselsberg-Drei Gleichen und zahlreichen Ausflugszielen informieren (https://www.drei-gleichen.de/). Nur wenige Kilometer weiter südlich ist im Schloss Ehrenstein ein neues Muschelkalkmuseum entstanden. Die moderne Ausstellung mit dem Titel „Als Saurier durch Ohrdruf schwammen" fußt auf Sammlungsstücken von Julius Böttcher, der über Jahrzehnte Fossilien des Muschelkalks der Ohrdrufer Platte sammelte. Im Museum für Ur- und Frühgeschichte Thüringens in Weimar liegt der Ausstellungsschwerpunkt in der Dokumentation der Hominiden-Funde von Weimar-Ehringsdorf und Bilzingsleben. Von den Anfängen der Menschheit reicht die sehenswerte Ausstellung über die Steinzeit und folgende Kulturen bis ins Mittelalter (https://alt-thueringen.de/). Das Museum auf der Steinrinne wurde direkt über der Ausgrabungsstelle der ältesten Hominiden von Bilzingsleben errichtet. An dieser einzigartigen Fundstelle erhält man Einblicke in das Leben der Urmenschen und zu neuesten Forschungsergebnissen (http://www.steinrinne-bilzingsleben.com/). Das Museum für Naturkunde in Gera beherbergt neben Mineralien auch Gesteine und Fossilien Ostthüringens, besonders aus dem Zechstein (https://www.gera.de/tourismus-freizeit-kultur/museen/museum-fuer-naturkunde). Ähnliche Schwerpunkte sind im Naturkundemuseum Mauritianum in Altenburg zu finden (http://www.mauritianum.de/web/). Südlich des Thüringer Walds beherbergt das Naturhistorische Museum in Schleusingen eine sehr umfangreiche, stratigraphisch aufgebaute Sammlung der Lebewelt Thüringens, vom frühen Paläozoikum bis heute. Hervorragend präparierte Exponate geben in Verbindung mit instruktiven Kurztexten und Abbildungen klare Vorstellungen zur erdgeschichtlichen Entwicklung (https://www.museum-schleusingen.de/).

Nachwort

Für den Autor stellt dieses Heft eine Herzensangelegenheit dar. Einerseits ist er durch familiäre Wurzeln mit Thüringen verbunden. Zudem war er hier jahrelang mit Studierenden der Universität Bremen unterwegs. Dabei konnten viele (bei weitem aber nicht alle!) geologisch interessante Orte dieser einmaligen Kulturlandschaft im Zentrum Deutschlands kennengelernt werden.

Es konnte nicht ausbleiben, dass in vielen Bereichen gekürzt werden musste; so musste z.B. auf die Pflanzenwelt des Buntsandsteins und des Keupers, die im Perm und Trias so wichtige Conchostraken-Stratigraphie, zahlreiche Muschelkalkfossilien und etliches mehr verzichtet werden. Der Spagat zwischen repräsentativer Auswahl und umfassender Beschreibung bleibt am Ende immer gewagt.

Abb 133 Die Architektur des 44 m hohen Förderturmes am Petersenschacht in Sondershausen wurde 1909 vom Eiffelturm inspiriert. Neben einer Ausstellung zum Bergbau bietet das Baudenkmal ein fantastisches Panorama. Besichtigungen nur nach Voranmeldung!

Dank

Viele Anregungen für dieses Heft erhielt ich während zahlreicher Exkursionen und Besuche Thüringens. Dabei erfuhr ich stets freundliche und hilfsbereite Unterstützung, sowohl für die Erlaubnis zum Betreten zahlreicher Steinbrüche, als auch bei der Beschaffung von Literatur. In mehreren Studienarbeiten wurden geologische Beobachtungen vertieft, neue Fragen entstanden und Diskussionen wurden angeregt: Dank an die „Ehemaligen" Malko Bischke, David Haars, Thomas Heinson, Karolin Kähler, Max Kluger, Joachim Leinker, Sven Schalkwijk, Jan Unverfärth und Martin Wendt. Dr. Thomas Voigt (Universität Jena) half über die Jahre mit Literatur und Tipps für Aufschlüsse.

Für die Erlaubnis, Fotos und unpublizierte Bilder verwenden zu dürfen, danke ich Heiko Kolbe (Kyffhäuser-Denkmal), Martina Wilm-Kiesel (Museum-Terra-Triassica), Frederik Spindler (Dinosaurier-Park Altmühltal), Florian Vogt (Museum Schloss Ehrenstein Ohrdruf) und Dr. Ziebell (Knauf Gips, Rottleberode).

Ein besonderes Dankeschön geht an den FOSSILIEN-Herausgeber Günter Schweigert, der das Manuskript sowohl redaktionell als auch inhaltlich optimierte. Dank auch an Jens Lehmann (Universität Bremen) für viele wertvolle Hinweise.

Literaturverzeichnis

[1] Eynatten, H. v., J. Kley, I. Dunkl, V.-E. Hoffmann & A. Simon (2021): Late Cretaceous to Paleogene exhumation in Central Europe – localized inversion vs. large-scale domal uplift. Solid Earth 12: 935–958.

[2] Franke, D. (2020): Regionale Geologie von Ostdeutschland – Ein Kompendium. www.regionalgeologie-ost.de

[3] Katzung, G. & G. Ehmke (1993): Das Prätertiär in Ostdeutschland: Strukturstockwerke und ihre regionale Gliederung. Sven von Loga-Verlag, Köln.

[4] Kley, J. (2018): Timing and spatial patterns of Cretaceous and Cenozoic inversion in the Southern Permian Basin. Geol. Soc. London, Spec. Publ. 469(1): 19–31.

[5] Kley, J. & T. Voigt (2008): Late Cretaceous intraplate thrusting in central Europe: Effect of Africa-Iberia-Europe convergence, not Alpine collision. Geology 36(11): 839–842.

[6] Ziegler, P. A. (1987): Late Cretaceous and Cenozoic intraplate compressional deformations in the Alpine foreland – a geodynamic model. Tectonophysics 137: 389–420.

Das Übergangsstockwerk (Oberkarbon und Perm)

[7] Berman, D. S., H. C. Maddin, A. C. Henrici et al. (2020): New primitive Caseid (Synapsida, Caseasauria) from the Early Permian of Germany. Ann. Carnegie Mus. 86(1): 43–75.

[8] Carroll, R. L. (1993): Paläontologie und Evolution der Wirbeltiere. Thieme-Verlag, Stuttgart.

[9] Harrison, J. F. & G. G. Haddad (2011): Effects of oxygen on growth and size: Synthesis of molecular, organismal, and evolutionary studies with *Drosophila melanogaster*. Ann. Rev. Physiol. 73: 95–113.

[10] Lützner, H., Tichomirowa, M., Käßner, A. & R. Gaupp (2020): Latest Carboniferous to early Permian volcano-stratigraphic evolution in Central Europe: U–Pb CA–ID–TIMS ages of volcanic rocks in the Thuringian Forest Basin (Germany). Int. J. Earth Sci. 110: 377–398.

[11] Martens, T. (1975): Zur Taxonomie, Ökologie und Biostratigraphie des Oberrotliegenden (Saxon) der Tambacher Mulde in Thüringen. Freiberger Forschungshefte C309: 115–133.

[12] Nyakatura, J. A., T. Melo, K. Horvat, et al. (2019): Reverse-engineering the locomotion of a stem amniote. Nature 565: 351–355. www.nature.com/articles/d41586-019-00186-x

[13] Pabst, W. (1908): Die Tierfährten aus dem Rotliegenden „Deutschlands". Nova Acta Leopoldina 89(2): 315–480.

[14] Rößler, R., T. Zierold, Z. Feng et al. (2012): A snapshot of an early Permian ecosystem preserved by explosive volcanism: New results from the Chemnitz Petrified Forest, Germany. Palaios 27: 814–834.

[15] Schneider, J., G. Spencer, F. Scholze, S. Voigt et al. (2020): Late Paleozoic— early Mesozoic continental biostratigraphy – links to the Standard Global Chronostratigraphic Scale. Palaeoworld 29: 186–238.

[16] Schneider, J. W. & R. Werneburg (2006): Insect biostratigraphy of the Euramerican continental Late Pennsylvanian and Early Permian. In: Lucas, S. G., G. Cassinis & J. Schneider (Hrsg.): Non-Marine Permian Biostratigraphy and Biochronology. Geol. Soc. London, Spec. Publ. 265: 325–336.

[17] Schneider, J. W. & R. Werneburg (2012): Biostratigraphie des Rotliegend mit Insekten und Amphibien. In: Lützner, H. & G. Kowalczyk (Hrsg.): Stratigraphie von Deutschland X. Rotliegend. Teil I: Innervariscische Becken. Schr. Dtsch. Ges. Geowiss. 61: 110–142.

[18] STDK (2022): Stratigraphische Tabelle von Deutschland (abgerufen 12.08.22 unter: https://gfzpublic.gfz-potsdam.de/rest/items/item_5012738_6/component/file_5012776/content)

[19] Trümper, S., S. Germann, J. W. Schneider et al. (2020): Die versteinerten Bäume des Kyffhäusers (Oberkarbon, Thüringen): Herkunft, Fossilwerdung und paläoklimatisch-ökologische Aussagen. Z. Dtsch. Ges. Geowiss. 171(3): 277–321.

[20] Trümper, S., B. Vogel, S. Germann et al. (2023): Decoding the drivers of deep-time wetland biodiversity: insights from an early Permian tropical lake ecosystem. Palaeontology 24. https://doi.org/10.1111/pala.12652

[21] Werneburg, R. (2007): Timeless design: colored pattern of skin in early Permian Branchiosaurids (Temnospondyli: Dissorophoidea). J. Vertebr. Paleont. 27: 1047–1050.

[22] Werneburg, R. (2021): Morphology, ontogeny and variation of the branchiosaurid *Apateon dracyiensis* from the Rotliegend (Lower Permian) Cabarz Quarry in the Thuringian Forest Basin, Germany. Semana 36: 51–86.

Das Tafelgebirgsstockwerks (Zechstein bis Kreide)

Zechstein

[23] Alderton, D. H. M., D. Selby, H. Kucha & D. J. Blundell (2016): A multistage origin for Kupferschiefer mineralization.- Ore Geology Reviews 78, 535-543.

[24] Dal Corso, J., H. Song, S. Callegaro et al. (2022): Environmental crises at the Permian–Triassic mass extinction. Nature Rev., Earth & Environment 3: 197–214.

[25] Hauschke, N., M. Franz & H. G. Bachmann (Hrsg.) (2021): Trias – Aufbruch in das Erdmittelalter, 2 Bde.; Pfeil-Verlag, München.

[26] Schneider, J. W. (2018): Orlasenke – Die Geschichte einer beeindruckenden Landschaft. Die Ausstellung des Museums Burg Ranis 1: 1–63.

Buntsandstein

[27] Ellenberg, J. (2012): Geologie erleben. Saale-Holzland und Jena. Jenzig-Verlag, Golmsdorf.

[28] Haubold, H. & H. Klein (2002): Chirotherien und Grillatoriden aus der Unteren bis Oberen Trias Mitteleuropas und die Entstehung der Dinosauria. Halle. Jb. Geowiss. B22: 59–85.

[29] Klein, H. (2021): Tetrapodenfährten der Germanischen Trias Mitteleuropas und angrenzender Gebiete. In: Hauschke, N., M. Franz & G. H. Bachmann (Hrsg.): Trias – Aufbruch in das Erdmittelalter, Bd. 1, S. 348–356. Pfeil-Verlag, München.

[30] Puff, P. & H. Klein (2011): Die Solling-Formation des Buntsandsteins bei Jena/Ostthüringen. Beitr. Geol. Thüringen, N.F. 18: 5–24.

[31] Rodriguez-Lopez, J. P., L. B. Clemmensen, N. Lancaster et al. (2014): Archean to Recent aeolian sand systems and their sedimentary record: Current understanding and future prospects. Sedimentology 61: 1487 –1534.

[32] Voigt, T. (2017): Die Ablagerungssysteme des Unteren und Mittleren Buntsandsteins in Thüringen. Geowiss. Mitt. Thüringen 14: 39–95.

Muschelkalk

[33] Aigner, T. & G. H. Bachmann (1992): Sequence-stratigraphic framework of the German Triassic. Sedim. Geol. 62: 5–25.

[34] Blendinger, W. (2024): Biochemically induced diagenesis of Jurassic micrite: evidence from phase analysis, carbon, oxygen, and strontium isotopes (Franconian Alb, Germany). International Journal of Earth Sciences 113: 1213-1240,.

[35] Föhlisch, K. & T. Voigt (2002): Synsedimentary deformation in the Lower Muschelkalk of the Germanic Basin. Int. Assoc. Sedim., Spec. Publ. 31: 279–297.

[36] Franz, M., T. Voigt & A. Müller (2021): Der Muschelkalk im zentralen Germanischen Becken. In: Hauschke, N., M. Franz & G. H. Bachmann (Hrsg.): Trias – Aufbruch in das Erdmittelalter, Bd. 1, S. 57–82. Pfeil-Verlag, München.

[37] Knaust, D. (2013): The ichnogenus *Rhizocorallium*: Classification, trace makers, palaeoenvironments and evolution. Earth-Sci. Rev. 126: 1–47.

[38] Müller, A. (2021): Molluskenfaunen in Ersatzschalenerhaltung im Unteren Muschelkalk des Saale-Unstrut-Gebietes (Sachsen-Anhalt). In: Hauschke, N., M. Franz & G. H. Bachmann (Hrsg.): Trias – Aufbruch in das Erdmittelalter, Bd. 1, S. 422–429. Pfeil-Verlag, München.

[39] Rieppel, O. & R. Werneburg (1998): A new species of the sauropterygian *Cymatosaurus* from the Lower Muschelkalk of Thuringia, Germany. Palaeontology 41(4): 575–589.

[40] Urlichs, M. (2021): Cephalopoden der Germanischen Trias. In: Hauschke, N., M. Franz & G. H. Bachmann (Hrsg.): Trias – Aufbruch in das Erdmittelalter, Bd. 1, S. 273–282. Pfeil-Verlag, München.

Keuper

[41] Franz, M. & J. Barnasch (2021): Der Keuper im zentralen Germanischen Becken. In: Hauschke, N., M. Franz & G. H. Bachmann (Hrsg.): Trias – Aufbruch in das Erdmittelalter, Bd. 1, S. 83–108. Pfeil-Verlag, München.

[42] Kelber, K.-P. (2021): Makrofloren der Germanischen Trias: Keuper. In: Hauschke, N., M. Franz & G. H. Bachmann (Hrsg.): Trias – Aufbruch in das Erdmittelalter, Bd. 1, S. 228–248. Pfeil-Verlag, München.

[43] Werneburg, R. & W. Witter (2005): Fossillagerstätten im Unteren Keuper Thüringens (Erfurt-Formation, Mitteltrias). Teil 2: ICE-Trasse nördlich der BAB 71-Ausfahrt Arnstadt-Nord. Veröff. Naturhist. Mus. Schleusingen 20: 57–75.

[44] Zeh, A., M. Franz & K. Obst (2021): Zircon of Triassic age in the Stuttgart Formation (Schilfsandstein) – witness of tephra fallout in the Central European Basin and new constraints on the mid-Carnian episode. Front. Earth Sci. 9: 1–15.

Jura–Kreide

[45] Ernst, W. (2003): Jura. In: Seidel, G. (Hrsg.): Geologie von Thüringen, S. 392–399. Schweizerbart-Verlag, Stuttgart.

[46] Krause, T. & G. Katzung (1999): Die Kleintektonik im Lias am NE-Abhang des Röhnberges bei Wandersleben (Hainich-Saalfelder Störungszone). Veröff. Naturkundemus. Erfurt 18: 21-48.

[47] Kreher, C., O. Elicki & M. Magnus (2013): Eine Foraminiferen-Mikrofauna aus der Oberkreide des Ohmgebirges (NW-Thüringen): Morphotypen und fazielle Relevanz. Freiberger Forschungsh. C545: 1–13.

[48] Tröger, K.-A. (2000): Thüringen (Eichsfeld). In: Steininger, F. F. (Hrsg.): Stratigraphie von Deutschland III – Die Kreide der Bundesrepublik Deutschland. Cour. Forschungsinst. Senckenberg 266: 131–132.

Travertine im Thüringer Becken

[49] Della Porta, G. (2015): Carbonate build-ups in lacustrine, hydrothermal and fluvial settings: comparing depositional geometry, fabric types and geochemical signature. In: Bosence, D. W. J., K. A. Gibbons, D. P. Le Heron et al. (Hrsg.): Microbial Carbonates in Space and Time: Implication for Global Exploration and Production. Geol. Soc., London, Spec. Publ. 418: 17–68.

[50] Flügel, E. (2010): Microfacies of Carbonate Rocks. Springer-Verlag, Berlin & Heidelberg.

[51] Kamradt, Y. (2009): Die thüringischen Travertine: Verbreitung und Genese am Beispiel ausgewählter Vorkommen. Shaker Verlag, Herzogenrath.

[52] Koban, C. & G. Schweigert (1993): Microbial origin of travertine fabrics – two examples from Southern Germany (Pleistocene Stuttgart Travertines and Miocene Riedöschingen Travertine). Facies 29: 251–263.

[53] Mania, D. (1983): Die Molluskenfauna des mittelpleistozänen Travertinkomplexes bei Bilzingsleben und ihre ökologisch-stratigraphische Aussage. Veröff. Landesmus. Vorgeschichte Halle 9: 131–155.

[54] Mania, D. (2004): Die Urmenschen von Thüringen. Spektr. Wiss. 2004(10): 39–47.

[55] Mania, D. (2017): Am Anfang war die Jagd. In: Klimagewalten – treibende Kraft der Evolution. Begleitband zur Sonderausstellung im Landesmuseum für Vorgeschichte Halle, S. 240–279.

[56] Steiner, W. (1981): Der Travertin von Ehringsdorf und seine Fossilien. Neue Brehm-Bücherei 522: 200 S.

[57] Smith, G. M., K. Ruebens et al. (2024): The ecology, subsistence and diet of ~45,000-year-old *Homo sapiens* at Ilsenhöhle in Ranis, Germany. Nature, Ecology & Evolution. https://doi.org/10.1038/s41559-023-02303-6

[58] Wetzel, A. (2006): Ein Beitrag zur paläomalakologischen Chronostratigraphie der „Älteren Travertine" von Mühlhausen (Unstrut-Hainich-Kreis, Thüringen) einschließlich der ökologischen Bewertung der Ostracodenfauna. Malak. Abh. 24: 85–119.

[59] Völkel, U. (2007): Höhlen, Grotten, Schaubergwerke in Thüringen. Rhinoverlag: 240 S.